“十四五”职业教育新形态教材

公路工程
施工组织设计

GONGLU GONGCHENG
SHIGONG ZUZHI SHEJI

主　编　艾　冰　黄蓓蕾
副主编　程学志　陆　勇
主　审　李利君

中南大学出版社
www.csupress.com.cn
·长沙·

内容简介

　　本书内容分为 5 个模块, 20 个单元, 并提供了相关的单元练习和课后实训, 以便学生学习使用。

　　模块一简单介绍了如何运用公路工程定额计算工期和资源; 模块二主要介绍了流水作业工期计算及横道图的绘制; 模块三主要介绍了双代号网络图的绘制、计算与优化; 模块四主要介绍了公路施工组织设计文件的编制流程及相关计算; 模块五主要介绍了实施性施工组织设计文件的大致组成, 并附有相关公路施工组织设计案例, 供学习者参考。

　　本书围绕《工程网络计划技术规程》(JGJ/T 121—2015) 进行编写, 可作为高职道路工程造价专业、工程造价(公路方向) 专业、道路与桥梁工程技术专业及其相关专业的教材, 也可作为工程施工、工程管理、工程造价人员的岗位培训教材使用, 还可作为本科院校学生的参考资料。

出版说明

为了深入贯彻党的二十大精神和全国教育大会精神，落实《国务院关于印发国家职业教育改革实施方案的通知》（国发〔2019〕4号）和《职业院校教材管理办法》（教材〔2019〕3号）有关要求，深化职业教育"三教"改革，全面推进高等职业院校土建类专业教育教学改革，促进高端技术技能型人才的培养，依据教育部高职高专教育土建类专业教学指导委员会《高职高专土建类专业教学基本要求》和职业教育国家教学标准体系，通过充分的调研，在总结吸收国内优秀高职高专教材建设经验的基础上，我们组织编写和出版了本套高职高专土建类专业新形态教材。

高职高专教学改革不断深入，土建行业工程技术日新月异，相应国家标准、规范，行业、企业标准、规范不断更新，作为课程内容载体的教材也必然要顺应教学改革和新形势，适应行业的发展变化。教材建设应该按照最新的职业教育教学改革理念构建教材体系，探索新的编写思路，编写出版一套全新的、高等职业院校普遍认同的、能引导土建专业教学改革的系列教材。为此，我们成立了教材编审委员会。教材编审委员会由全国30多所高职院校的权威教授、专家、院长、教学负责人、专业带头人及企业专家组成。编审委员会通过推荐、遴选，聘请了一批学术水平高、教学经验丰富、工程实践能力强的骨干教师及企业专家组成编写队伍。

本套教材具有以下特色：

1. 教材遵循《"十四五"职业教育规划教材建设实施方案》的要求，以习近平新时代中国特色社会主义思想为指导，注重立德树人，在教材中有机融入了中国优秀传统文化、"四个自信"、爱国主义、法治意识、工匠精神、职业素养等思政元素。

2. 教材依据教育部高职高专教育土建类专业教学指导委员会《高职高专土建类专业教学基本要求》及国家教学标准和职业标准（规范）编写，体现科学性、综合性、实践性、时效性等特点。

3. 体现"三教"改革精神，适应高职高专教学改革的要求，以职业能力为主线，采用行动导向、任务驱动、项目载体、教学做一体化模式编写，按实际岗位所需的知识能力来选取教材内容，实现教材与工程实际的无缝对接。

4. 体现先进性特点：将土建学科发展的新成果、新技术、新工艺、新材料、新知识纳入教材，结合最新国家标准、行业标准、规范编写。

5. 产教融合：校企双元开发，教材内容与工程实际紧密联系。教材案例选择符合或接近真实工程实际的，有利于培养学生的工程实践能力。

6. 以社会需求为基本依据，以就业为导向，有机融入"1+X"证书内容，融入建筑企业岗位(八大员)职业资格考试、国家职业技能鉴定标准的相关内容，实现学历教育与职业资格认证的衔接。

7. 教材体系立体化。为了方便教师教学和学生学习，本套教材建立了多媒体教学电子课件、电子图集、教学指导、教学大纲、案例素材等教学资源支持服务平台；部分教材采用了"互联网+"的形式出版，读者扫描书中的二维码，即可阅读丰富的工程图片、演示动画、操作视频、工程案例、拓展知识等。

高职高专土建类专业新形态教材
编 审 委 员 会

前　言

　　本书从学习者的视野出发,将编制公路工程施工组织设计文件的理论知识按照学生学习特点进行了重新组合,并结合最新的行业标准及真实案例来组织编写,按照技能型人才培养的特点,将相关职业证书考试标准与教材融合,注重职业能力、实际操作能力的培养,突出了以学为主的编写特色。

　　本书严格按照现行国家、标准和定额编写,包括《工程网络计划技术规程》(JGJ/T 121—2015)、《公路工程预算定额》(JTG/T 3832—2018)、《公路工程机械台班费用定额》(JTG/T 3833—2018)、《公路工程施工定额测定与编制规程》(JTG/T 3811—2020)等。

　　本书由艾冰、黄蓓蕾任主编,程学志、陆勇任副主编。具体分工情况如下:模块一由湖南交通职业技术学院艾冰编写;模块二由湖南交通职业技术学院李南西编写;模块三由湖南交通职业技术学院陆勇编写;模块四由湖南交通职业技术学院黄蓓蕾编写;模块五由河北通华公路材料有限公司程学志编写;全书由艾冰统稿,湖南交通职业技术学院李利君审阅。

　　由于编者水平有限,编写时间匆忙,书中难免有不足之处,恳请读者批评指正。

编　者

2024 年 1 月

目　录

概　述

课程导入

公路工程施工组织设计没有具体(实物)研究对象。公路工程施工组织设计是研究公路工程基本建设施工过程中诸多要素合理组织与安排的学科。具体来说，公路工程施工组织设计就是根据其所处的环境、自然条件、施工工期等，对人力、材料、机械、资金、施工方法、施工现场、施工进度等主要因素进行合理安排，以实现工期短、质量优、成本低的目标。

1. 公路工程施工的特点

1)固定性：公路工程构造物固定于地面，永久地占用大量土地，不能移动。

2)多样性：公路的具体使用目的、技术标准、技术等级、自然条件、结构形式、主体功能的不同，使公路的组成部分、形态构造千差万别、复杂多样。

3)庞大性：公路工程实体是线性构造物，其组成部分的形体庞大，占用土地及空间多。

4)易损性：公路工程实体受行车荷载的作用和自然因素的影响，其暴露在外的部分由于受雨、雪、风、光及有害气体、液体的侵蚀及老化损坏，故常需小修、保养；受行车直接作用部分，由于受轮胎的磨损、行车过程各种振动、冲击等外力作用，所以经常被损坏，尤其是暴露于大自然的部分及直接受行车作用的部分。

2. 公路工程施工组织的特点

1)工程线性分布、施工流动性大

公路工程是线形构造物，施工作业面狭长，无法像建筑工程固定于某个范围内进行施工，故施工流动性大；且由于地形的影响，公路工程数量分布不均匀。

2)工程类型繁多

公路工程由路基、路面、桥梁、隧道、机电、交安、绿化工程等组成，工程类型因公路等级、使用要求、技术条件(物资供应、机具设备、技术水平等)、自然条件(季节、气候等)和工期要求而异。因此，公路工程类型多种多样，标准化难度大，必须单独进行设计。

3)工程形体庞大，施工周期长

公路构造物具有形体庞大特点，加上公路工程的线性特征，对施工的影响更为严重。若公路项目中包含特长隧道，则公路工程的工期将由特长隧道的工期决定。

1

4)受外界干扰及自然因素影响大

公路工程施工全程在野外露天作业，受自然条件和地理环境的影响很大，特别是不良天气(高温、洪水、冰冻、大雪、大风、沙尘等)、不良地质(泥沼、熔岩、流沙等)，不但影响施工进度，而且还会给工程造成损失。

3. 公路工程施工组织的主要任务

1)确定开工前必须完成的各项准备工作。
2)确定施工方案。
3)编制施工进度计划。
4)编制劳动力、机械台班、施工材料供应计划。
5)绘制施工平面布置图。
6)编制确保工程质量与安全生产的技术措施。

4. 公路工程施工组织设计课程与其他学科的关系

本课程要求学生具有一定的理论知识，以及对现场施工有初步了解。

与本课程有关的专业基础课程有：CAD 制图、工程测量、建筑材料、路基施工技术、路面施工技术、桥涵施工技术等。

模块一 公路工程定额运用

课程导入

假设某公路项目中有一段浆砌片石排水沟，工程施工人员通常会面临一个问题：该段挡土墙施工需要多长时间？挡土墙施工需要多少水泥、片石、人工、机械台班？

实际上，工程人员在编制施工组织设计时，会以工程定额为依据，根据工程实体数量计算相关人工、材料、机械及相关工期。计算结果和实际情况可能有出入，但相对可以接受；或者说当出入较大时，可以在实际施工中进行调整，不至于对工程施工产生实质性影响。

以人工完成一项工作为例，不同的人8h内实际完成的工程量是不一样的，但在施工组织设计时，默认每个人完成的日工作量是一样的，按照工程定额给出的数值进行计算；机械使用情况类似，不同的驾驶员操作机械，8h内实际完成的工程量也是不一样的，但在施工组织设计时，同样默认每台机械完成的8h工作量是一样的，可以按照工程定额给定的数值进行计算；工程材料的实际使用情况，同样存在个体差异，有些工程施工材料消耗量偏大，有些工程施工材料消耗量偏小，但在施工组织设计时，默认使用工程定额中给出的数量。

单元 1　工料机消耗量计算

任务引入

　　劳动量，即施工项目的工程量与相应的时间定额的乘积，也就是实际投入的人数与施工项目的作业持续时间的乘积(机械操作时叫作业量)。劳动量可按式(1-1)进行计算：

$$D = Q \times S \qquad (1-1)$$

式中：D 为劳动量(工日或台班)；Q 为工程量；S 为时间定额。

1.1　人工消耗量计算

　　人工的单位是工日。按现行规定，公路工程每个工日一般按工作 8 h 计，潜水作业每个工日按工作 6 h 计，隧道洞内作业每个工日按工作 7 h 计。

　　[例 1-1]　试确定 3000 m³ 浆砌片石排水沟工程的人工消耗量。

　　解：(1)根据预算定额(见表 1-1)，可知该浆砌片石排水沟时间定额为 6.6 工日/10 m³ 实体。

表 1-1　石砌边沟、排水沟、截水沟、急流槽(定额 1-3-3 表)

工程内容：1)拌、运砂浆；2)选修石料；3)砌筑、勾缝、养护。　　　　　　　单位：10 m³ 实体

顺序号	项目	单位	代号	边沟、排水沟	
				浆砌片石	浆砌块石
1	人工	工日	1001001	6.6	6.2
2	M7.5 水泥砂浆	m³	1501002	(3.5)	(2.7)
3	M10 水泥砂浆	m³	1501003	(0.33)	(0.20)
4	水	m³	3005004	18	18
5	中(粗)砂	m³	5503005	4.17	3.16
6	片石	m³	5505005	11.5	—
7	块石	m³	5505025	—	10.5
8	32.5 级水泥	t	5509001	1.037	0.782
9	其他材料费	元	7801001	2.3	2.3
10	1.0 m³ 以内轮胎式装载机	台班	8001045	0.08	0.08
11	400 L 以内灰浆搅拌机	台班	8005010	0.15	0.12
12	基价	元	9999001	2229	2301

（2）人工消耗量计算：

$$人工 = 工程量 \times 时间定额 = 3000 \ m^3 \times 6.6 \ 工日/10 \ m^3 \ 实体 = 1980 \ 工日$$

1.2　材料消耗量计算

本单元只讲解相应工程实体对应的材料消耗量，不考虑材料的运输、仓储、加工等损耗。材料消耗量可以采用式（1-1）进行计算。

[例 1-2]　试确定 3000 m^3 浆砌片石排水沟工程的材料消耗量。

解：（1）根据预算定额（见表 1-2），可知该浆砌片石排水沟材料消耗定额。

表 1-2　石砌边沟、排水沟、截水沟、急流槽（定额 1-3-3 表）

工程内容：1）拌、运砂浆；2）选修石料；3）砌筑、勾缝、养护。　　　　　　单位：10 m^3 实体

顺序号	项目	单位	代号	边沟、排水沟
				浆砌片石
1	人工			
2	M7.5 水泥砂浆			
3	M10 水泥砂浆			
4	水	m^3	3005004	18
5	中（粗）砂	m^3	5503005	4.17
6	片石	m^3	5505005	11.5
7	块石	m^3	5505025	—
8	32.5 级水泥	t	5509001	1.037
9	其他材料费	元	7801001	2.3

（2）材料消耗量计算：

$$水 = 3000 \ m^3 \times 18 \ m^3/10 \ m^3 = 5400 \ m^3$$

$$中（粗）砂 = 3000 \ m^3 \times 4.17 \ m^3/10 \ m^3 = 1251 \ m^3$$

$$片石 = 3000 \ m^3 \times 11.5 \ m^3/10 \ m^3 = 3450 \ m^3$$

$$32.5 \ 级水泥 = 3000 \ m^3 \times 1.037 \ t/10 \ m^3 = 311.1 \ t$$

$$其他材料费 = 3000 \ m^3 \times 2.3 \ 元/10 \ m^3 = 690 \ 元$$

注：人工、1.0 m^3 以内轮胎式装载机、400 L 以内灰浆搅拌机、基价不是材料，所以没有参与计算；M7.5 水泥砂浆、M10 水泥砂浆情况比较特殊，其数量仅供参考；块石数量为 0 m^3，实际施工中并未使用。

1.3 施工机械台班消耗量计算

本单元只讲解相应工程实体对应的施工机械台班消耗量。施工机械台班消耗量同样可采用式(1-1)进行计算。

[例1-3] 试确定3000 m³浆砌片石排水沟工程的施工机械台班消耗量。

解：(1)根据预算定额(见表1-3)，可知该浆砌片石排水沟机械台班消耗定额：

表1-3 石砌边沟、排水沟、截水沟、急流槽(定额1-3-3表)

工程内容：1)拌、运砂浆；2)选修石料；3)砌筑、勾缝、养护。　　　　　　单位：10 m³实体

顺序号	项目	单位	代号	石砌边沟、排水沟
				浆砌片石
1	1.0 m³以内轮胎式装载机	台班	8001045	0.08
2	400 L以内灰浆搅拌机	台班	8005010	0.15

(2)施工机械台班消耗量计算：

1.0 m³以内轮胎式装载机=3000 m³×0.08 台班/10 m³ 实体=24 台班

400 L以内灰浆搅拌机=3000 m³×0.15 台班/10 m³ 实体=45 台班

单元2 施工时间计算

任务引入

劳动量,即施工项目的工程量与相应的时间定额的乘积,也就是实际投入的人数与施工项目的作业持续时间的乘积(机械操作时叫作业量)。劳动量可按式(2-1)进行计算:

$$D = R \times T = m \times n \times t \tag{2-1}$$

式中:D 为劳动量(工日或台班);R 为施工人数或机械台数;m 为施工班制;n 为每班工作人数或机械台数;T 为施工时间;t 为工作天数。

2.1 人工施工时间计算

根据式(1-1)、式(2-1),可知施工时间和施工人数的计算公式:

$$T = \frac{D}{R} = \frac{Q \times S}{m \times n} \tag{2-2}$$

$$R = \frac{D}{T} = \frac{Q \times S}{m \times t} \tag{2-3}$$

[例2-1] 根据预算定额(见表2-1),计算各种情况下的人工施工时间与施工人数。

表2-1 排水沟劳动量表

顺序号	3000 m³ 浆砌片石排水沟/工日	班制	每班人数/人	施工时间/天
1	1980	1	99	?
2	1980	2	66	?
3	1980	3	66	?
4	1980	1	?	15

解:根据式(2-2),可知施工时间如下:

$$T_1 = \frac{D}{R} = \frac{D}{m \times n} = \frac{1980 \text{ 工日}}{1 \times 99 \text{ 人}} = 20 \text{ 天}$$

$$T_2 = \frac{D}{R} = \frac{D}{m \times n} = \frac{1980 \text{ 工日}}{2 \times 66 \text{ 人}} = 15 \text{ 天}$$

$$T_3 = \frac{D}{R} = \frac{D}{m \times n} = \frac{1980 \text{ 工日}}{3 \times 66 \text{ 人}} = 10 \text{ 天}$$

根据式(2-3),可知施工人数如下:

$$R_4 = \frac{D}{T} = \frac{D}{m \times t} = \frac{1980 \text{ 工日}}{1 \times 15 \text{ 天}} = 132 \text{ 人}$$

注：施工人数不应出现小数。

思考：根据施工人数可计算出相应的施工时间；根据施工时间可以计算出施工人数。如某工程人手缺乏但工期宽裕，应按施工人数确定施工时间；如某工程工期紧张但人手充足，应按施工时间反算施工人数。

2.2 机械施工时间计算

式(2-2)、式(2-3)可用于计算机械施工时间与机械施工台数。

[例2-2] 根据表2-2计算各种情况下的机械施工时间与机械台数。

表2-2 排水沟作业量表

顺序号	3000 m³ 浆砌片石排水沟劳动量/台班	班制	每班台数/台	施工时间/天
1	A 机械 24	1	2	?
2	B 机械 24	3	1	?
3	C 机械 12	3	?	2

解：根据式(2-2)，可知机械施工时间如下：

$$T_1 = \frac{D}{R} = \frac{D}{m \times n} = \frac{24 \text{ 台班}}{1 \times 2 \text{ 台}} = 12 \text{ 天}$$

$$T_2 = \frac{D}{R} = \frac{D}{m \times n} = \frac{24 \text{ 台班}}{3 \times 1 \text{ 台}} = 8 \text{ 天}$$

根据式(2-3)，可知机械台数如下：

$$R_3 = \frac{D}{T} = \frac{D}{m \times n} = \frac{12 \text{ 台班}}{3 \times 2 \text{ 天}} = 2 \text{ 台}$$

思考：3000 m³ 浆砌片石排水沟施工中，假定人工施工时间为10天，A机械施工时间为12天，那么整个浆砌片石排水沟工程的施工时间是多少？相关内容将在单元6中涉及。

单元3　公路工程预算定额运用

任务引入

　　某公路建设项目，需要预制 1000 m³ 圆管涵(管径 1.5 m、钢筋净用量 50 t)。在预制圆管涵之前，施工人员应该先完成备料工作。那么，施工人员应该准备哪些材料？每种材料需要准备多少？

　　通常情况下，施工人员可以通过查找公路工程定额来解决上述两个问题。根据《公路工程预算定额》4-7-4 第 2 栏，预制 1000 m³ 圆管涵(管径 1.5 m)需要使用的材料有：钢模板 7.4 t、水泥 410.1 t、中砂 465 m³、碎石 798 m³、水 1600 m³、其他材料费 1600元，光圆钢筋 51.25 t(人工、机械台班未列出)。选用不同的定额，得出的结果可能会稍有出入。

3.1　定额表

　　定额表是各类定额最基本的组成部分，列有定额指标的具体数值。以《公路工程预算定额》中"1-1-5 填前夯(压)实及填前挖松"为例，介绍定额表的主要构成，见表 3-1。

表 3-1　填前夯(压)实及填前挖松(定额 1-1-5 表)

工程内容：填前夯(压)实：原地面平整，夯(压)实。

　　　　　填前挖松：将土挖松。　　　　　　　　　　　　　　　　　　　　　　　单位：1000 m²

序号	项目	单位	代号	填前夯(压)实				填前挖松
				人工夯实	履带拖拉机		12~15 t 光轮压路机	
					功率/kW			
					75 以内	120 以内		
				1	2	3	4	5
1	人工	工日	1001001	25.8	2	2	2	4.9
2	75 kW 以内履带式拖拉机	台班	1001001	—	0.16	—	—	—
3	120 kW 以内履带式拖拉机	台班	8001068	—	—	0.11	—	—
4	12~15 t 光轮压路机	台班	8001081	—	—	—	0.27	—
5	基价	元	9999001	2742	317	333	371	521

注：1. 夯(压)实如需用水，备水费用另行计算；

　　2. 填前挖松适用于地面横坡 1：10~1：5；

　　3. 二级及二级以上等级公路的填前压实应采用压路机压实。

1)表号及定额表名称,表号是定位定额出处的符号,名称表达了一张定额表的基本属性或分类。

2)工程内容,主要说明本定额表所包括的操作内容及对应的详细工艺流程。查定额时,将实际发生的操作内容与表中的工程内容进行比较,若不一致,应进行补充或采取其他措施。

3)定额单位即工程项目计量单位,如 10 m、10 m³ 构件、1000 m/1 km、1 公路公里、1 道涵长及每增减 1 m 等。

4)**项目,即本定额表的工程所需人工、材料、机具、费用的名称、规格。**

5)工程细目,表示本定额表所包含的工程细目,如预算定额 1-1-5 表中的人工夯实、填前挖松等,也称子目、栏目。

6)定额值,即定额表中各种资源的消耗量数值。括号内的数值一般是指所需半成品的数量。

3.2 定额的套用

如果设计图的要求、工作内容及确定的工程项目完全与相应的定额内容相符,造价人员可以直接套用定额。可以直接套用的这部分定额占概预算文件总定额量的50%以上时,由于这部分工作相对简单,所以这部分定额的套用应百分之百正确;但要特别注意各定额的总说明、章节说明及定额表中小注的要求,应仔细阅读以免产生差错。

> **[例3-1]** 试确定人工挖运普通土(手推车运土)运40 m的预算定额,升7%的坡。
>
> **解:**(1)由预算定额目录可知该定额在第9页,定额表号为1-1-16。
>
> (2)确定定额号为[9-1-1-6-2+4×6]。
>
> (3)该定额小注4规定:如遇升降坡时,除按水平距离计算运距外,还应按坡度增加运距。重新计算的运距为 40+40×7%×15=82 m,具体规定见预算定额目录第9页。
>
> (4)计算定额值:
>
> $$人工:145.5+5.9×\frac{82-20}{10}=145.5+35.4=180.9 \ 工日/1000 \ m^3$$
>
> $$基价:15464+627×6=15464+3762=19226 \ 元$$

3.3 施工定额测定与编制

劳动定额是根据国家的经济政策、劳动制度和有关技术文件及资料制定的。制定劳动定额常用计时观察法。计时观察法由于在工程施工中以现场观察为主要技术手段,所以又称现场观察法,计时观察法的种类很多。

现有的定额测定理论体系将现场技术测定法分为**测时法、写实记录法、工作日写实法**三种。工作日写实法是一种研究工人或机械在整个工作班内,按时间消耗顺序,进行现场写实记录以分析工时利用情况的一种测定方法,其实质是一种扩大了的写实记录法。

测时法主要适用于测定那些定时重复的循环工作的工时消耗,是精确度比较高的一种计时观察法, 精确度一般为 0.2~15 s。写实记录法是一种研究各种性质的工作所消耗时间的方法, 包括基本工作时间、辅助工作时间、不可避免中断时间、准备与结束工作时间及各种损失时间。工作日写实法是一种研究整个工作班内的各种工时消耗的方法。运用工作日写实法的主要目的为: 一是取得编制定额的基础资料; 二是检查定额的执行情况, 找出缺点并进行改进。

[**案例 3-1**]　试完成表 3-2(见阴影部分)。

表 3-2　表 A.1.5.1.b 人工工作时间写实法观测记录表 2(写实记录法)

2023 年 1 月 1 日　　编号: 001

观测地点: 汀兰湖　　　　日期: 20230101　　　　天气: 晴　　　　观测编号: 001
公路工程项目名称: 汀兰湖大桥　　公路等级: 高速公路　　施工单位: 汀兰湖路桥建设有限公司
定额名称: 沥青混凝料铺筑　　编码: 2-1-1　　完成工程量: 192.57 m³　　观测对象: 小组人数(52)人

测算时间区段		开始: 8 时 18 分 0 秒　　结束: 17 时 47 分 0 秒			
一	定额时间	工作内容	消耗时间/min (1)	百分比/% (2)	备注 (施工过程中问题与建议)
1	准备工作时间(t_z)	①准备工作	20	1.23	
2	基本工作时间(t_g)	②沥青铺筑	505	30.98	
3	辅助工作时间(t_{fg})	清洁, 模板安拆, 养护	1055	64.72	
4	不可避免中断时间(t_{bz})	⑥掉头	10	0.61	
5	休息时间(t_x)	⑦休息、加油	30	1.84	
6	结束整理时间(t_j)	⑧结束整理	10	0.61	
7	其他工作时间合计 =(1)+(3)+(4)+(5)+(6)		1125	69.02	
8	定额时间合计 =(2)+(7)		1630	100	
二	非定额时间	工作内容	消耗时间/min (3)	百分比/% (4)	备注
9	停工时间(t_t)				
10	违反劳动纪律损失时间(t_s)				
11	多余和偶然工作时间(t_d 和 t_{og})	修复误踩	20	100	
12	非定额时间合计		20	100	

记录者:　　　　　　　　　　　　　　复核者:

[案例 3-2]　试完成表 3-3(见阴影部分)。

表 3-3　表 A.3.1.b 机械台班定额写实法原始数据处理汇总表

工程项目		汀兰湖大桥				汀兰湖隧道					汀兰湖高速		
观测编号		1	2	3	4	11	12	13	14	15	21	22	23
测定日期		20230103	20230224	20230316	20230513	20230204	20230307	20230826	20231117	20231206	20230228	20230522	20230527
延续时间		7.8 h	7.3 h	8.4 h	6.7 h	5.6 h	4.8 h	5.9 h	6.9 h	7.9 h	4.6 h	5.7 h	6.9 h
机械数量		4	4	7	6	7	5	5	8	8	7	5	6
(1)	纯工作时间合计	826	1079	2189	1782	1544	1094	1323	2054	1940	1313	1203	1464
(2)	其他工作时间合计	87	116	240	194	170	125	142	200	150	135	128	157
(3)	完成工程量	2400	1280	3360	2540	2440	1300	1780	3780	3640	2100	1800	2300
(4)	完成定额单位工程量	12.1	15.7	33	26.5	22.6	16.1	19.1	30.6	26.9	19.2	17.2	20.6
(5)	定额单位产品的纯工作时间消耗=(1)/(4)	68.23	68.72	66.34	67.25	68.32	67.92	69.25	67.13	72.11	68.39	69.97	71.05
(6)	定额单位产品的其他工作时间消耗=(2)/(4)	7.17	7.36	7.26	7.33	7.51	7.76	7.42	6.53	5.58	7.01	7.42	7.63
(7)	定额单位产品的定额时间合计=(5)+(6)	75.40	76.08	73.60	74.58	75.83	75.68	76.67	73.66	77.69	75.40	77.39	78.68
(8)	各项目完成定额单位工程量=∑(4)	87.30				88.40					83.90		
(9)	完成工程总量=∑(8)	259.60											

续表3-3

工程项目	汀兰湖大桥	汀兰湖隧道	汀兰湖高速
(10) 项目定额单位产品纯工作时间消耗=∑[(5)×(4)]/(8)	67.31	68.04	70.56
(11) 项目定额单位产品其他工作时间消耗=∑[(6)×(4)]/(8)	7.29	7.20	6.79
(12) 项目定额单位产品定额时间消耗=(10)+(11)	74.59	75.23	77.35
(13) 定额单位产品纯工作时间消耗量=∑[(10)×(8)]/(9)		68.61	
(14) 定额单位产品其他工作时间消耗量=∑[(11)×(8)]/(9)		7.09	
(15) 定额单位产品定额时间消耗量=(13)+(14)		75.70	
(16) 机械小时生产率=定额单位/[(13)÷60]	87.46		m³/h
(17) 机械时间利用系数=(13)/(15)		90.63%	

◀◀ **模块一 · 课后实训** ▶▶

班级： 学号： 姓名： 日期：

实训目的	掌握劳动量的计算方法		
实训项目	某公路路面施工项目的工程量与定额如下，试完成如下表格		

	序号	分部分项工程名称	工程量	时间定额	机械台班	机械台数	工作天数
解题过程	1	18 cm 厚 4%水泥稳定碎石底基层（拌和）	530342 m²	300 t/h 以内稳定土拌和机 0.23 台班/1000 m²			8
	2	18 cm 厚 4%水泥稳定碎石底基层（运输）	94516 m³	12 t 以内自卸汽车 16.02 台班/1000 m³			8
	3	18 cm 厚 4%水泥稳定碎石底基层（摊铺）	519892 m²	12.5 m 以内稳定土摊铺机 0.16 台班/1000 m²			8
	4	20 cm 厚 5%水泥稳定碎石基层（拌和）	519325 m²	300 t/h 以内稳定土拌和机 0.25 台班/1000 m²			10
	5	20 cm 厚 5%水泥稳定碎石基层（运输）	102837 m³	12 t 以内自卸汽车 16.02 台班/1000 m³			10
	6	20 cm 厚 5%水泥稳定碎石基层（摊铺）	509092 m²	12.5 m 以内稳定土摊铺机 0.16 台班/1000 m²			10
	7	8 cm 厚 AC-25（C）下面层（拌和）	41474 m³	120 t/h 以内沥青混合料拌和设备 3.44 台班/1000 m³		29	
	8	8 cm 厚 AC-25（C）下面层（运输）	40661 m³	12 t 以内自卸汽车 21.54 台班/1000 m³		146	
	9	8 cm 厚 AC-25（C）下面层（摊铺）	39863 m³	4.5 m 以内沥青混合料摊铺机 10.33 台班/1000 m³		59	
	10	6 cm 厚 AC-20（C）中面层（拌和）	29742 m³	120 t/h 以内沥青混合料拌和设备 3.43 台班/1000 m³		21	
	11	6 cm 厚 AC-20（C）中面层（运输）	29159 m³	12 t 以内自卸汽车 21.54 台班/1000 m³		105	
	12	6 cm 厚 AC-20（C）中面层（摊铺）	28587 m³	4.5 m 以内沥青混合料摊铺机 10.47 台班/1000 m³		43	
	13	4 cm 厚 SMA-13 上面层（拌和）	29742 m³	120 t/h 以内沥青混合料拌和设备 4.26 台班/1000 m³		22	
	14	4 cm 厚 SMA-13 上面层（运输）	29159 m³	12 t 以内自卸汽车 21.54 台班/1000 m³		90	
	15	4 cm 厚 SMA-13 上面层（摊铺）	28587 m³	6.0 m 以内沥青混合料摊铺机 4 台班/1000 m³		15	
	16	透层	49406 m²	8000 L 以内沥青洒布车 0.06 台班/1000 m²			3
	17	封层	49406 m²	8000 L 以内沥青洒布车 0.06 台班/1000 m²			2

模块二　横道图绘制

课程导入

假设某公路项目中有 15 座小桥。

工程人员需要在开工之前考虑整个工程的进度如何安排：确定这 15 座小桥的开工时间、完工时间、持续时间，以及需要用到的人工、材料、机械台班的数量。在工程进行时还会出现很多意想不到的状况，使得实际施工进度和施工计划安排无法一致，此时需要调整施工计划安排来适应实际情况。

在这种情况下，用文字或表格描述进度将会很困难。工程人员通常会用横道图来表达这些复杂的意思。

本模块主要讲述的内容有两个，即**工期的计算和横道图的绘制**，以及相应工期内的人工、材料、机械台班的各阶段消耗量。

单元 4　基本作业方法

　　某公路项目有 4 座小涵洞的施工任务,如何安排此 4 座小涵洞的施工进度(假定 4 座小涵洞的劳动量相等,施工条件、技术配备、工程数量等完全相同)?

　　在实际施工中,时间组织形式并不固定,工程人员可以根据实际情况进行选择。公路施工的时间组织有三种基本作业方法:顺序作业法、平行作业法、流水作业法。

　　分析: 4 座小涵洞可视为 4 个施工段,每一个施工段可以划分成三道工序,即基础、洞身、洞口。

4.1　顺序作业法

　　顺序作业法即当施工任务含有若干个施工段时(人为划分或自然形成),由同一班组工人,完成一个施工段后,再接着完成另一个施工段,依次按顺序进行,直至完成全部施工段的作业方法。

　　由图 4-1 可以看出,顺序作业法完成 m 个施工任务所需的总施工时间 T 为完成一个任务所需时间 t 的 m 倍,即 $T = t \times m$(本例 $T = 9 \times 4$ 天 $= 36$ 天)。

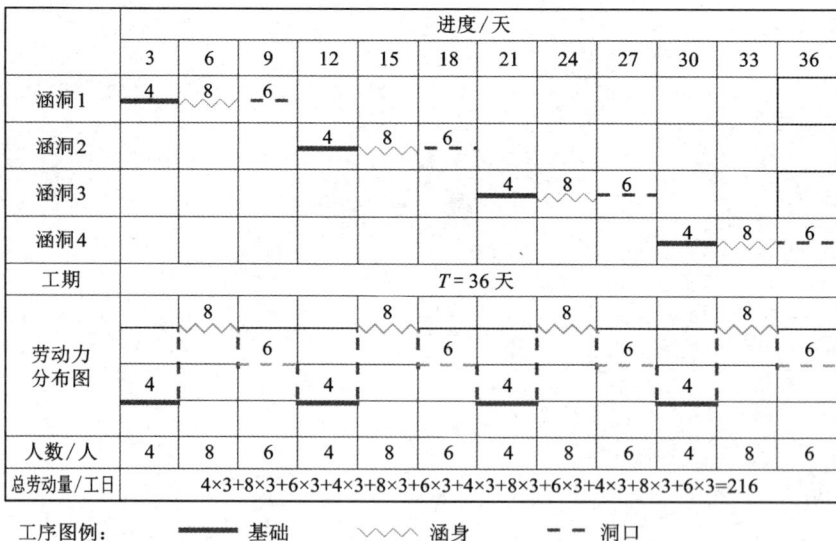

	进度/天											
	3	6	9	12	15	18	21	24	27	30	33	36
涵洞1	4	8	6									
涵洞2				4	8	6						
涵洞3							4	8	6			
涵洞4										4	8	6
工期	$T = 36$ 天											
劳动力分布图			8		8			8			8	
		6			6			6			6	
	4			4			4			4		
人数/人	4	8	6	4	8	6	4	8	6	4	8	6
总劳动量/工日	$4\times3+8\times3+6\times3+4\times3+8\times3+6\times3+4\times3+8\times3+6\times3+4\times3+8\times3+6\times3=216$											

工序图例:　■■■ 基础　～～～ 涵身　- - 洞口

图 4-1　顺序作业法

顺序作业法有以下特点：

1）不能充分利用工作面去争取时间，所以工期长。

2）施工队不能实行专业化施工，不利于提高工程质量和劳动生产率，机械设备不能充分利用。

3）劳动力需要量波动大。

4）单位时间内需要投入施工现场的资源数量较少，有利于资源供应的组织工作。

5）只有一个施工队在施工，施工现场的组织管理工作比较简单。由此可见，顺序作业法适用于小型且工期要求不严的项目。

4.2 平行作业法

平行作业法即当施工任务含有若干个施工段时，各个施工段同时开工、同时完工的一种作业方法，即施工段的数量与施工队的数量相等。

由图 4-2 可以看出，用平行作业法组织生产，完成 m 个施工任务所需的总施工时间 T 等于完成一个任务所需的时间 t，即 $T=t$（本例 $T=9$ 天）

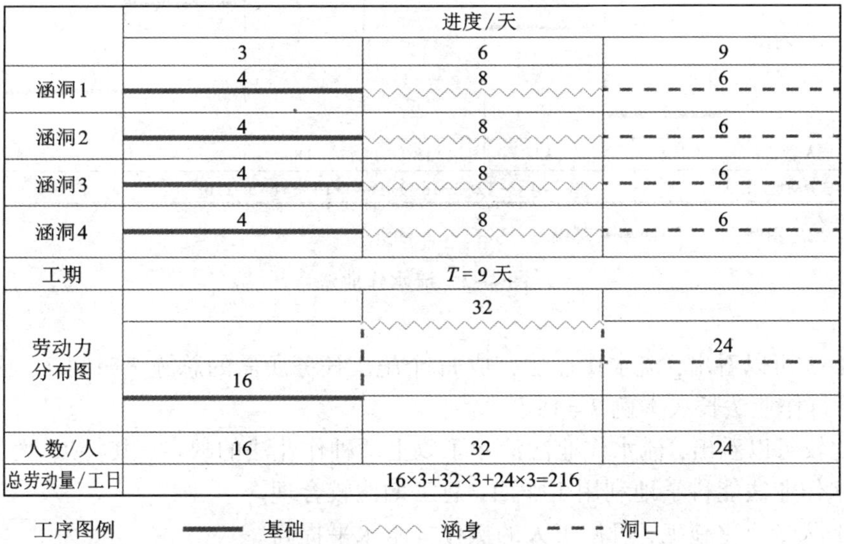

工序图例		进度／天		
		3	6	9
涵洞1		4	8	6
涵洞2		4	8	6
涵洞3		4	8	6
涵洞4		4	8	6
工期			$T=9$ 天	
劳动力分布图		16	32	24
人数／人		16	32	24
总劳动量／工日		16×3+32×3+24×3=216		
工序图例	——— 基础	〰〰〰 涵身	- - - 洞口	

图 4-2 平行作业法

平行作业法特点如下：

1）充分利用了工作面，缩短了工期。

2）施工队不能实行专业化施工，不利于提高工程质量和劳动生产率。

3）协调性、均衡性差，劳动力需要量出现高峰。

4）单位时间内需要投入施工现场的资源成倍增长，给材料供应、机械设备调度等带来困难。

5）施工队多，人员集中，施工现场的组织管理工作复杂。

由此可见，只有当施工任务十分紧迫，工期紧张，工作面允许以及资源充分且能保证供应的条件下，才能使用这种作业方法。

4.3 流水作业法

流水作业法即当施工任务含有若干个施工段时，各个施工段相隔一定时间依次投入施工生产，相同工序依次进行，不同的工序则平行进行的一种作业方法，如图 4-3 所示。

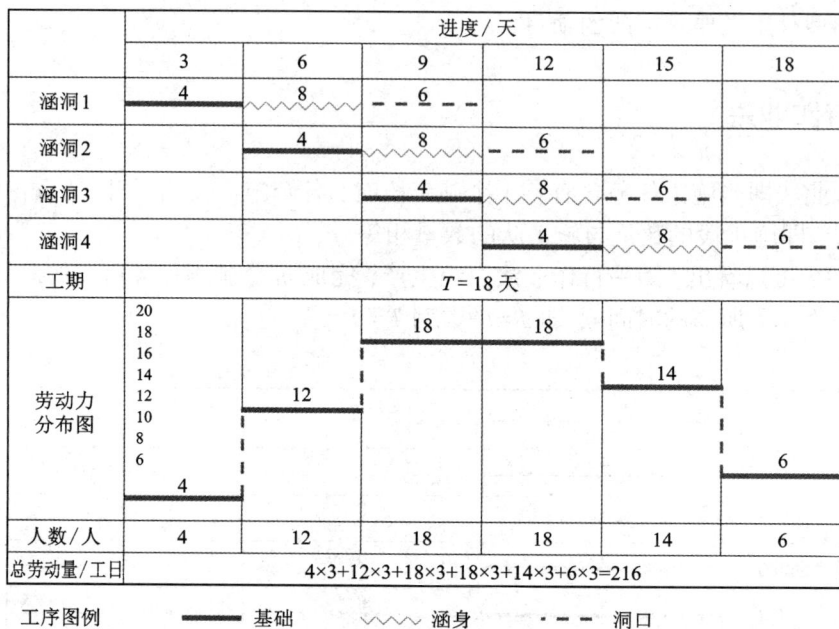

	进度/天					
	3	6	9	12	15	18
涵洞1	4	8	6			
涵洞2		4	8	6		
涵洞3			4	8	6	
涵洞4				4	8	6
工期			$T = 18$ 天			
劳动力分布图	4	12	18	18	14	6
人数/人	4	12	18	18	14	6
总劳动量/工日	$4 \times 3 + 12 \times 3 + 18 \times 3 + 18 \times 3 + 14 \times 3 + 6 \times 3 = 216$					

工序图例 ——— 基础 〰〰 涵身 - - - 洞口

图 4-3 流水作业法

由图 4-3 可以看出，流水作业法完成 m 个施工任务所需的总施工时间 T，比顺序作业法短，比平行作业法长。本例 $T = 18$ 天。

通过比较可以看出，流水作业法消除了以上两种作业法的缺点，其特点为：

1）流水作业法能科学地利用工作面，总工期比较合理。

2）施工队专业化施工，可使工人的操作技术水平提高。

3）专业施工队实行连续作业，相邻专业施工队之间无间隔。

4）单位时间内需要投入施工现场的资源数量较为均衡，有利于资源供应的组织工作。

5）施工有节奏，为文明施工和进行施工现场的科学管理创造了条件。

采用流水作业法组织施工，施工段的数量和工作面的大小必须满足一定的要求，流水作业法才能更好地发挥它的优势。

以上是假定施工条件、技术水平、工程数量等完全相同的条件，仅对三种施工组织方法的施工工期和劳动力需要量进行了比较，而实际工程中的情况要复杂得多。

单 元 练 习

1. 三种基本作业方法是什么？各自特点是什么？
2. 流水作业法与顺序、平行作业法的根本区别是什么？

单元5 有节拍流水作业工期计算

如某公路项目中有若干座小桥,当分别采用顺序作业法、平行作业法、流水作业法时,工期各是多少?

5.1 流水作业法的主要参数

用流水作业法组织施工时,施工过程的连续性、均衡性和协调性取决于一系列参数,这些参数就称为流水参数。一般把流水作业法的参数分为空间参数、工艺参数和时间参数。

1. 空间参数

执行任何一项施工任务,都要占用一定范围的空间。在组织流水作业时,用工作面、施工段数这两个参数表达流水作业在空间布置上的状态。这些参数称为空间参数。

(1)工作面 A

某一专业工种的工人或某种型号的机械在进行施工操作时所必须具备的活动空间称为工作面。工作面的大小决定了最多能安置多少工人和布置多少台机械。它反映空间组织的合理性。工作面的布置以发挥工人和机械的最大效力为目的,并遵守安全技术和施工技术规范的规定。

(2)施工段数 m

划分施工段的目的在于:

1)多创造工作面,为下道工序尽早开工创造条件。

2)不同的工序(不同工种的专业施工队)在不同的工作面上平行作业。只有划分施工段,才能展开流水作业。划分施工段应注意以下几点:

人为划分施工段时,要使各施工段劳动量大致相等,相差以不超过15%为宜。施工段的划分,应考虑施工规模、资源供应等,通常以主导工序的组织为依据。

施工段的划分,应考虑施工对象的结构完整性,如大型人工构造物以伸缩缝、沉降缝作为分段依据,一般的工程结构应在受力最小而又不影响结构外观的位置分段。施工段的划分,要考虑各作业班组是否有合适的工作面:工作面过小,不能充分发挥人、机械的效力;工作面过大,影响工期。

2. 工艺参数

任何一项施工任务都由若干不同种类和特性的工序(施工过程)组成,每一道工序都有特定的施工工艺。在组织流水作业时,用工序数(施工过程)和流水强度这两个参数来表达流水作业施工工艺开展顺序及特征。这些参数称为工艺参数。

(1)工序数 n

根据具体情况,把一个工程项目(分部工程)划分为若干项具有独特施工工艺特点的施工过程,即为工序。如桥梁钻孔灌注桩工程可分为埋护筒、钻孔、灌混凝土等;预制混凝土构件可分为钢筋组、木工组、支模板组、实验组、混凝土拌和站、混凝土运输、混凝土浇灌、混凝土振捣等。工序数常用 n 表示。每一道工序通常由一个专业班组来承担施工。

工序数要根据构造物的复杂程度和施工方法来确定。划分工序时,应注意以下问题:

1)工序划分的粗细程度,应以流水作业进度计划的性质为依据。对于实施性流水作业进度计划,应划分得细一些,可划分到分项工程;对于控制性流水作业进度计划,应划分得粗一些,可以是单位工程,甚至是单项工程。

2)结合所选择的施工方案划分工序。如钢筋混凝土结构的现场浇筑与预制安装,沥青混凝土路面的机械摊铺施工与人工摊铺施工,两者划分施工工序的差异是很大的。

3)划分工序应重点突出,抓住主要工序,不宜太细。如路面工程可以划分为底基层、基层、面层。

4)一个流水作业进度计划内的所有工序应按施工先后顺序排列,所采用的工序名称应与现行定额的项目名称一致。

(2)流水强度 V

流水强度又称流水能力或生产能力,指每一道工序(专业班组)在单位时间内所完成的工程量(如:瓦工组在每班砌筑的圬工体积数值)。流水强度越大,专业队应配备的机械也就越多,工作面也会增大,工期将会缩短。流水强度按下列公式计算。

1)机械作业时的工序流水强度按式(5-1)计算:

$$V_i = \sum_{i=1}^{x} R_i \cdot C_i \tag{5-1}$$

式中:V_i 为工序 i 的机械作业流水强度;R_i 为某种施工机械的台数;C_i 为某种施工机械的台班产量定额(时间定额的倒数);x 为投入同一工序的主导施工机械种类。

2)人工作业时的工序流水强度按式(5-2)计算:

$$V_i = R_i \cdot C_i \tag{5-2}$$

式中:V_i 为工序 i 的人工作业流水强度;R_i 为每一专业班组人数;C_i 为平均每一个工人每班产量即产量定额(时间定额的倒数)。

3.时间参数

每一道工序(施工过程)的完成,都要消耗时间。在组织流水作业时,用流水节拍、流水步距、流水展开期、技术间歇时间、组织间歇时间这五个参数来表达流水作业在时间排列上所处的状态。

(1)流水节拍 t_i

流水节拍 t_i 是指一道工序(一个专业班组)在一个施工段上的持续时间。影响流水节拍长短的因素有施工方案、工程数量、施工人数、机械台数、作业班次等。从理论上讲,流水节拍越短越好;但因受工作面的限制,流水节拍 t_i 有一个界限。流水节拍 t_i 有以下两种计算方法。

1）定额法。在实际工程中，根据实际工人和机械数量按式（5-3）确定流水节拍 t_i：

$$t_i = \frac{Q_i \cdot S_i}{R \cdot n} \qquad (5-3)$$

式中：t_i 为流水节拍；Q_i 为某施工段的工程数量；S_i 为某工序的时间定额；R 为施工人数或机械台数；n 为作业班制数，即 1 班、2 班、3 班。

2）工期反算法。如果施工任务紧迫，必须在规定日期内完成施工任务，可采用倒排进度的方法求流水节拍。首先根据要求的总工期 T 倒排进度，确定某一工序（施工过程）的施工作业总持续时间 T_i，再根据施工段数 m 反求流水节拍 t_i：

$$t_i = \frac{T_i}{m} \qquad (5-4)$$

然后检查反算的流水节拍 t_i 是否大于最小流水节拍 t_{min}，如果不符合可通过调整施工段数、专业队人数、作业班次，以及综合考虑其他因素后重新确定。t_{min} 的计算公式为：

$$t_{min} = \frac{A_{min} \cdot Q_i \cdot S_i}{A} \qquad (5-5)$$

式中：A_{min} 为每个人或每台机械所需的最小工作面；A 为一个施工段实际具有的工作面数值；Q_i 为某施工段的工程数量；S_i 为某工序的时间定额。

（2）流水步距 K

流水步距指两相邻不同工序（专业班组）相继投入同一施工段开始工作的时间间隔，即开始时间之差，通常用 K 表示。如施工放样专业队从第一天开始作业，挖基坑专业队从第二天开始作业，则这两支专业队之间的流水步距 $K=1$。

流水步距 K 的大小，对总工期有很大影响。在施工段数目和流水节拍确定的条件下，流水步距越大，则总工期就越长。确定流水步距时，在考虑正确的施工顺序、合理的技术间歇、适当的工作面和施工的均衡性的同时，一般还应遵循以下原则：

1）采用最小的流水步距，即相邻两工序在开工时间上最大限度地、合理地连接，以缩短工期。

2）流水步距要能满足相邻两工序在施工顺序上相互制约的关系。

3）尽量保证各施工专业队都能连续作业。

4）流水步距应在保证工程质量的同时满足安全施工的要求。

（3）流水展开期

从第一个施工专业队开始作业起，到最后一个施工专业队开始作业止，其时间间隔即为流水展开期，常用 t' 表示。显然，流水展开期之后，全部施工专业队都进入了流水作业，每天的资源需要量保持不变，开始进入了连续、均衡、紧凑的流水作业阶段。流水展开期 t' 的数值等于各流水步距 K 值之和。

（4）技术间歇时间

在组织流水作业时，只有经过了专业队之间的协调配合及合理的工艺等待时间后，下一支专业队才能开始施工，这个等待时间叫技术间歇时间，如混凝土的凝结硬化、油漆的干燥等。

（5）组织间歇时间

在流水作业中，由于施工技术或施工组织的原因，增加的流水步距以外的间歇时间叫组织间歇时间，如施工时的检查、校正，施工人员和机械的转移等所用的时间。

5.2　流水作业法的分类及总工期

由于构造物的复杂程度不同，以及施工环境差异等因素的影响，造成了流水参数的差异，因此流水作业被分为有节拍流水作业和无节拍流水作业。其中，有节拍流水作业又分为全等节拍流水作业、成倍节拍流水作业和分别流水作业。

1. 全等节拍流水作业

在组织流水作业时，如果所有工序（施工过程）在各个施工段上的流水节拍彼此相等，那么这种组织方式的流水作业称为全等节拍流水作业。

（1）特点

1）流水节拍彼此相等，流水步距彼此相等，而且两者的数值也相等，即 $t_i = K_i =$ 常数，这是组织全等节拍流水作业的条件。

2）每一道工序各组织一个施工专业队，即施工专业队的数目等于工序数 n。

3）每个施工专业队都能连续作业，施工段没有空闲，实现了连续、均衡而又紧凑的施工，是一种理想的组织方式；但是实际工程中，这种情况并不多见。

（2）总工期计算

由图 5-1 可知，流水展开期 t' 为各施工专业队（即工序）之间的流水步距 K 值之和。因此，施工专业队（即工序）数为 n 时，流水步距必然只有 $(n-1)$ 个，则：

$$t' = (n-1)K \tag{5-6}$$

最后一个施工专业队（即工序）应在每个施工段上依次作业，它的全部作业时间 t 应为：

$$t = mt_i \tag{5-7}$$

流水作业的总工期 T 等于 t' 与 t 之和：

$$T = t' + t \tag{5-8}$$

即

$$T = (n-1)K + mt_i = (m+n-1)K \tag{5-9}$$

式中各符号意义同前。

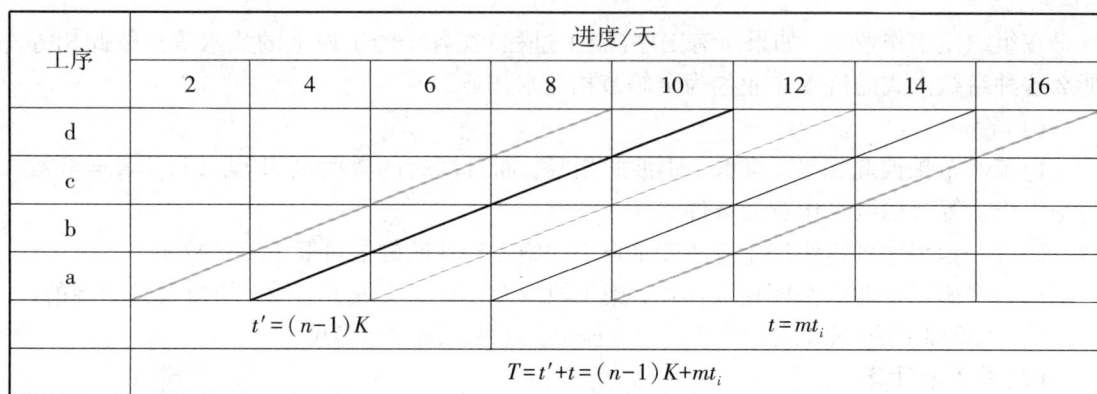

图 5-1　全等节拍流水作业进度图

2. 成倍节拍流水作业

成倍节拍流水作业即相同工序的流水节拍在所有施工段上都相等,不同工序的流水节拍彼此不相等,但互为整数倍数关系(1 除外)。

(1)特点

1)相同工序在所有施工段上的流水节拍彼此相等,不同工序在同一施工段上的流水节拍彼此不相等,但互为整数倍数关系(1 除外),这也是组织成倍节拍流水作业的条件。

2)施工专业队的数目大于工序数。

3)各施工专业队都能保持连续施工,施工段没有空闲,整个施工过程是连续的、均衡的,各施工专业队按自己的节奏施工。

(2)成倍节拍流水作业工期计算

如果仍按全等节拍流水作业组织施工,则会造成专业队窝工或作业面间歇,从而导致总工期延长。为了使各专业队仍能连续、均衡地依次在各施工段上施工,应按成倍节拍流水作业组织施工。其步骤如下:

1)求各工序的流水节拍的最大公约数 K_k。与流水步距 K 意义不同,K_k 是组织成倍节拍流水作业的一个参数，是各道工序都共同遵守的"公共流水步距"。

2）求各工序的施工专业队数目 B_i。每道工序的流水节拍 t_i 是 K_k 的几倍，就相应安排几个施工专业队，即施工专业队数目 $B_i = t_i/K_k$。同一道工序的各个施工专业队就依次相隔 K_k 天投入施工，这样才能保证均衡施工。

3）将施工专业队数目的总和 $\sum B_i$ 看作"总工序数 n"，将 K_k 看作"流水步距"，然后按全等节拍流水作业安排施工进度。

4）计算总工期 T。将 $\sum B_i = n$，$K_k = K$ 代入式（5-9），得：

$$T = (m + n - 1)K = (m + \sum B_i - 1)K_k \qquad (5-10)$$

图 5-2 为成倍节拍流水作业进度图，共有 7 个施工段（A、B、C、D、E、F、G），每个施工段有 3 道工序（a、b、c）。

a 工序（专业队）在各个施工段上的流水节拍 $t_a = 2$；b 工序在各个施工段上的流水节拍 $t_b = 6$；c 工序在各个施工段上的流水节拍 $t_c = 4$。

各工序的流水节拍的最大公约数 $K_k = 2$。由 $B_i = t_i/K_k$ 计算得：a 工序需要 1 个专业队；b 工序需要 3 个专业队；c 工序需要 2 个专业队。

该例 $m = 7$，$\sum B_i = 6$，$K_k = 2$，代入式（5-10）得：

$$T = (7 + 6 - 1) \times 2 = 24 \text{ 天}$$

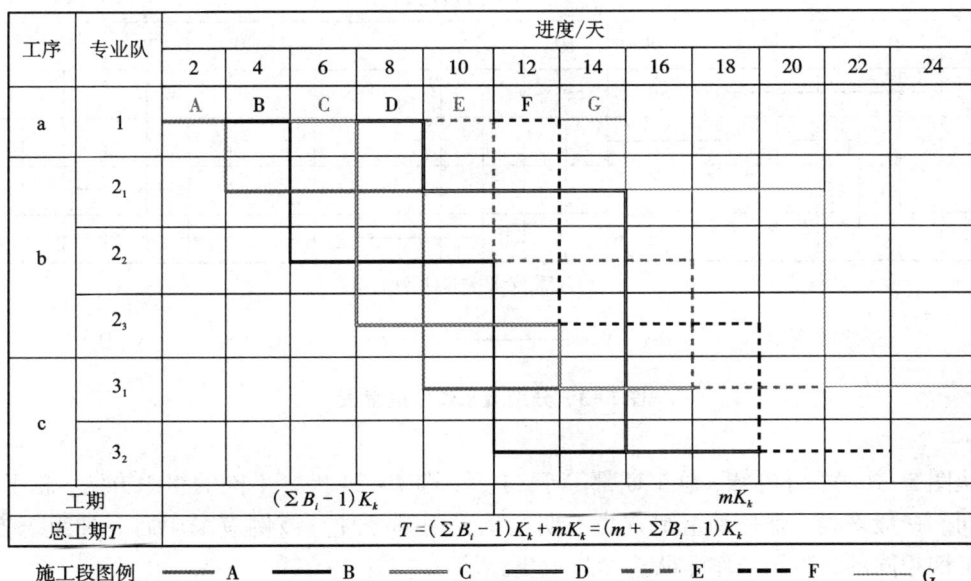

工序	专业队	进度/天											
		2	4	6	8	10	12	14	16	18	20	22	24
a	1	A	B	C	D	E	F	G					
b	2_1												
	2_2												
	2_3												
c	3_1												
	3_2												
工期		$(\sum B_i - 1)K_k$					mK_k						
总工期 T		$T = (\sum B_i - 1)K_k + mK_k = (m + \sum B_i - 1)K_k$											

施工段图例　—— A　—— B　—— C　—— D　- - - E　- - - F　—— G

图 5-2 成倍节拍流水作业进度图

3. 分别流水作业

分别流水作业是指各工序的流水节拍各自保持不变即 $t_i = $ 常数，不同工序的流水节拍不完全相同，但不存在最大公约数（1 除外），流水步距 K 也是一个变数的流水作业，也就是说，同类工序的流水节拍在各施工段上相等，而不同类工序的流水节拍相互不完全相等。

组织分别流水作业时,首先应保持各施工段本身均衡地进行,然后衔接各工序使彼此协调。既要避免各工序之间发生矛盾,又要尽可能减少作业面的空闲时间,使整个施工安排保持最大程度的紧凑,以达到缩短工期的目的。

由于流水步距是一个变数,其作图方法不像全等节拍流水作业,也不像成倍节拍流水作业。分别流水作业有两种作图方法:①紧凑法(只要具备开工要素就开工,在单元 6 中将会详细讲解),如图 5-3(a)所示;②潘特考夫斯基法(各专业队连续作业,在单元 6 中将会详细讲解),如图 5-3(b)所示。

施工段	进度/天											
	2	4	6	8	10	12	14	16	18	20	22	24
A												
B												
C												
D												

(a)紧凑法

施工段	进度/天											
	2	4	6	8	10	12	14	16	18	20	22	24
A												
B												
C												
D												

(b)潘特考夫斯基法

工序图例 ———— A ———— B ------- C ------- D

图 5-3 分别流水作业进度图

从图 5-3(a)(b)可知,总工期都等于 24 天,即 $T=24$ 天。不同的组织方法,总工期可以相同。一般来说,哪一种组织方法工期短就采用哪一种。该例应采用后一种组织方法,因为工期相同的条件下,作业队连续作业更经济。

分别流水作业的施工总工期,一般采用作图法确定。因为有两种作图方法,故会有两种工期。

4. 无节拍流水作业的工期计算

无节拍流水作业是指同类工序的流水节拍在各施工段不完全相等,而不同类工序的流水节拍也不完全相等。

公路工程的沿线工程量并非均匀分布,在实际工程中,各施工专业队在机具和劳动力固定的条件下,流水作业速度也不可能总保持一致,所以有节拍流水作业很少出现,大多是无节拍流水作业，即 $t_i \neq$ 常数，$K \neq$ 常数。

无节拍流水作业的作图与分别流水作业一样，也有两种方法：紧凑法和潘特考夫斯基法，如图 5-4 所示。

确定无节拍流水作业的施工总工期时，一般采用作图法确定；但是，为了求得最短的总工期，首先必须对施工段的施工次序进行排序(单元 7 中将会详细讲解)，然后才能以作图法确定其最短总工期。

（a）紧凑法

（b）潘特考夫斯基法

施工段图例 ——— A ——— B ······ C --------- D ═══ E

图 5-4　无节拍流水作业进度图

单元练习

1. 简述流水节拍的定义，以及其与流水步距的区别。
2. 简述全等节拍流水作业的工期计算公式。
3. 简述成倍节拍流水作业的工期计算公式。

单元6　无节拍流水作业工期计算

任务引入

当某个施工项目的 t_i 毫无规律（即无节拍流水作业），该如何计算此类情况下的施工项目工期？

6.1　无节拍流水作业作图

流水作业法的施工组织意图和内容，可以通过流水作业图的形式表达出来。其作图的要点如下所述。

1. 开工要素

任何一道工序开工时，必须具备工作面和生产力（工人、机械、材料等资源）两个开工要素，两者中缺少任何一个，工序都不具备开工条件，也就是说，工序无法投入生产。如图5-4(a)所示，b工序在C施工段上，必须在第8天开工，因为在这之前，虽有工作面，但无生产力；又如图5-3(a)所示，d工序在B施工段上，只能在第14天开工，在第13天虽有生产力，但无工作面。

2. 工序衔接原则

1）相邻工序之间及工序本身应尽可能衔接，以取得最短施工总工期。

2）工序衔接必须满足工艺要求和自然过程（如混凝土的硬化等）的需要。

3）尽量使得同工序在各施工段上能连续作业，并尽量使得相邻不同工序在同一施工段上能连续作业。

4）首工序和末工序均可采取连续作业或间歇作业。

3. 工序紧凑法

为了使流水作业取得最短总工期，在作图时，各相邻工序之间尽量紧凑衔接，即尽量使所排工序向作业开始方向靠拢（一般向图的左端）。图5-4(a)为按工序紧凑法组织的流水作业；图5-4(b)为按专业队连续作业组织的流水作业。两种组织方法，工期相差1天，在实际生产中，若工期紧，应采取图5-4(a)的组织方式。

4. 专业队在各施工段间连续作业的组织

在流水作业组织中，可使各个专业队在各施工段间连续作业，以避免"停工待面"和"干干停停"。这样做尽管不能保证工期最短，但经济效益是肯定有的。

专业队实现了连续作业，不等于总工期最短；总工期最短，不等于不能实现连续作业，如图4-3所示。

6.2　紧凑法计算流水作业工期

紧凑法的开工条件有两个：一是作业队伍可以作业；二是有足够的作业面。满足这两个条件就可以开工并且必须开工。作业队伍可以作业是指作业队人员、机械能够满足特定施工项目的要求；足够的作业面是指特定的作业面没有被其他施工队伍占用或者作业面已经被开辟出来。

1. 开工条件

基于紧凑法进行的施工，可以用**直接编阵法**来计算工期。计算规则为：**不具备开工条件不能开工，具备了开工条件必须开工**。对此，我们可以用流水节拍表的形式来表达施工任务。流水节拍表的**横向坐标**和**纵向坐标**分别对应着开工的两个条件。

2. 直接编阵法

[例6-1]　某施工任务有4个施工段，每个施工段有4道相同的工序，其流水节拍表见表6-1，求其按照紧凑法进行施工的总工期。

表6-1　工程流水节拍表

工序	施工段			
	A	B	C	D
a	2	3	7	5
b	4	2	5	1
c	3	6	2	4
d	1	7	4	5

解：(1)a工序(第一行)所有施工段上的作业面都是闲置的，此时不需要考虑作业面这个条件。

假定a工序A施工段是第0天开工，那么该工序就应该于第2天(0+2)结束；

所以a工序B施工段就应该于A施工段完成后具备开工条件，即第2天开工，第5天(2+3)结束；

所以a工序C施工段就应该于B施工段完成后具备开工条件，即第5天开工，第12天(5+7)结束；

所以a工序D施工段就应该于C施工段完成后具备开工条件，即第12天开工，第17天(12+5)结束。

（2）A 施工段（第一列）所有作业队伍都是闲置的，只要满足作业面的要求就可以开工。

假定 A 施工段 a 工序是第 0 天开工，那么该工序就应该于第 2 天（0+2）结束；

所以 A 施工段 b 工序就应该于 a 工序完成后具备开工条件，即第 2 天开工，第 6 天（2+4）结束；

所以 A 施工段 c 工序就应该于 b 工序完成后具备开工条件，即第 6 天开工，第 9 天（6+3）结束；

所以 A 施工段 d 工序就应该于 c 工序完成后具备开工条件，即第 9 天开工，第 10 天（9+1）结束。

（3）剩下的行和列，必须具备两个条件才能开工，即取作业面和作业队伍两个条件里完成时间靠后的那个，例如，b 工序 B 施工段的两个开工条件分别是第 5 天（具备作业面）、第 6 天（具备作业队伍），即该工序第 6 天才能开工，第 8 天（6+2）结束。

其他工序略。

（4）答案见表 6-2 及图 6-1。

表 6-2　直接编阵法工程节拍计算表

工序	施工段			
	A	B	C	D
a	2　（2）	3　（5）	7　（12）	5　（17）
b	4　（6）	2　（8）	5　（17）	1　（18）
c	3　（9）	6　（15）	2　（19）	4　（23）
d	1　（10）	7　（22）	4　（26）	5　（31）

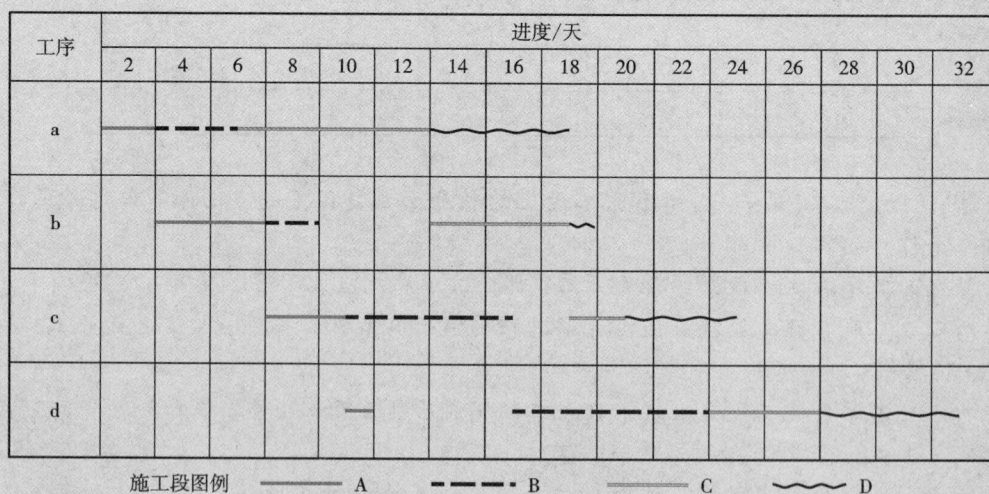

图 6-1　紧凑法流水作业进度图

6.3　潘特考夫斯基法计算流水作业工期

潘特考夫斯基法也叫**累加数列错位相减取大差法**，可以求出施工项目的最小流水步距 K_{min}，然后在 K_{min} 的基础上求出工期。

除了要满足作业面、作业队伍两个条件之外，潘特考夫斯基法还要求工序或施工段应**连续作业，即可以晚开工但不可以出现闲置或停工待面**的情况。为了保证总工期尽可能短，各施工专业队能在各个施工段间进行连续作业，必须确定相邻各专业队（相邻工序）间的最小流水步距 K_{min}。

[例6-2]　流水节拍表见表6-1，用潘特考夫斯基法求工期。

解：（1）求首个施工段上各最小流水步距 K。

①求 K_{ab}^A

将 a 工序的 t_a 依次累计叠加，可得数列：2　5　12　17；

将 b 工序的 t_b 依次累计叠加，可得数列：4　6　11　12；

将 b 工序的数列 a 工序的数列对齐后向右错一位，然后两数列相减：

$$
\begin{array}{lrrrrr}
a: & 2 & 5 & 12 & 17 & \\
b: & - & 4 & 6 & 11 & 12 \\
\hline
 & 2 & 1 & 6 & 6 & -12
\end{array}
$$

即有：$K_{ab}^A = \{2, 1, 6, 6, -12\}_{max} = 6$

②同理求 K_{bc}^A

$$
\begin{array}{lrrrrr}
b: & 4 & 6 & 11 & 12 & \\
c: & - & 3 & 9 & 11 & 15 \\
\hline
 & 4 & 3 & 2 & 1 & -15
\end{array}
$$

即有：$K_{bc}^A = \{4, 3, 2, 1, -15\}_{max} = 4$

③同理求 K_{cd}^A

$$
\begin{array}{lrrrrr}
c: & 3 & 9 & 11 & 15 & \\
d: & - & 1 & 8 & 12 & 17 \\
\hline
 & 3 & 8 & 3 & 3 & -17
\end{array}
$$

即有：$K_{cd}^A = \{3, 8, 3, 3, -17\}_{max} = 8$

（2）求工期。

流水展开期 $t' = K_{ab}^A + K_{bc}^A + K_{cd}^A = 6+4+8 = 18$ 天

最后一道工序持续的时间 $t = \sum t_d = 1+7+4+5 = 17$ 天

工期 $= t' + t = 18+17 = 35$ 天

如果还有更多的工序或施工段，最小流水步距的求法完全相同。

（3）绘制流水作业进度图，如图 6-2 所示。

（4）结论：由图 6-2 可得总工期 T=35 天。若采用紧凑法组织施工，可得总工期 T= 31 天。在实际生产中，应根据具体情况选取组织方法。

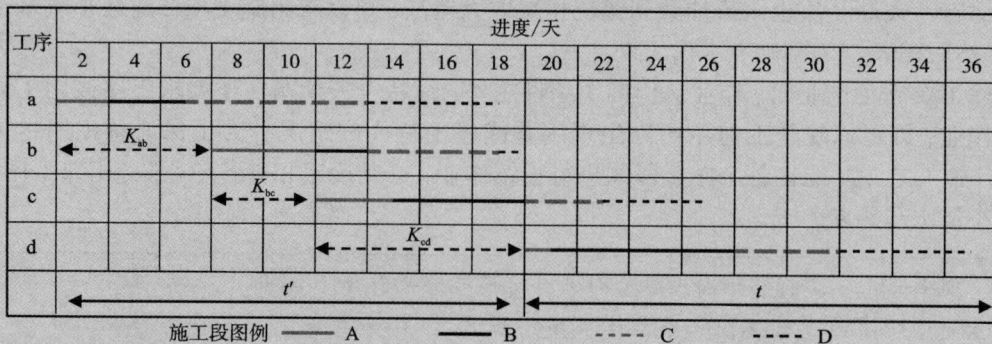

图 6-2　最小流水步距流水作业进度图

6.4　纸条串法

此法只适用于横线工段式。以图 5-3 为例来说明用纸条串法求 K_{min} 的步骤，具体如下：

1）作流水节拍表，同填列表 6-1。

2）绘制流水作业进度图的图框，填好施工进度日历和工序名称（以下简称进度图）。

3）将首道工序（a 工序）在各施工段上的流水节拍直接连续地绘于进度图上，并标明施工段名称。

4）将 b 工序在各施工段上的流水节拍连续地绘在一张纸条上，并标明施工段名称。然后在进度图的 b 工序行内由左向右地调整纸条。调整原则：相同符号的施工段不能重叠（重叠说明同一个作业队伍出现在两个施工面上）。调整好后，将纸条固定。

5）将 c 工序在各施工段上的流水节拍连续地绘在一张纸条上，并重复各步，直到完成。

6）重复上述步骤，直至所有工序工期均安排完毕。

实践证明，纸条串法简捷、直观、不必计算。

（单元练习）

1. 使用紧凑法的前提是什么？

2. 分别用紧凑法和潘特考夫斯基法计算出下表所示施工项目的工期，并画出其横道图。

工序	施工段			
	A	B	C	D
a	2	3	3	2
b	4	2	1	1
c	1	2	4	3

单元 7　施工段排序

　　某施工项目具有 m 个施工段，每个施工段都具有 n 道工艺相同的工序，对于这样的施工项目，如何才能求出其最短工期？

　　仅仅是运用紧凑法来进行施工安排的话，只能求得特定施工段排列顺序下的最短工期，而不是最短工期。要想求得最短工期，在确定无节拍流水作业的施工总工期时，必须先进行施工段排序。

7.1　约翰逊–贝尔曼法则

　　施工段排序问题可以用约翰逊–贝尔曼法则来解决。

　　约翰逊–贝尔曼法则的基本原则：**先行工序施工工期短的要排在前面施工，而后续工序施工工期短的要排在后面施工。**

　　约翰逊–贝尔曼法则的使用步骤：**先找出流水节拍表中最小的流水节拍，然后判断其是先行还是后续工序，据此决定该施工段是排在最前还是最后。每确定一个施工段的位置，该施工段的所有流水节拍就退出排序。再从剩下的流水节拍中找出最小的。重复以上步骤，直到所有施工段的顺序确定。**

　　注意：直接用约翰逊–贝尔曼法则进行排序，往往会出错或无从下手。

7.2　m 个施工段 1 道工序时，施工次序的确定

　　从表 7-1 可知，无论施工段如何排序，都不影响总工期 $T = \sum t_i = 4+3+2+5+5 = 19$ 天。

表 7-1　流水节拍表

工序	施工段				
	A	B	C	D	E
a	4	3	2	5	5

7.3 m个施工段2道工序时，施工次序的确定

[例7-1] 根据表7-2进行施工段的排序。

表7-2 流水节拍表

工序	施工段				
	A	B	C	D	E
a	4	3	2	5	5
b	5	①	4	6	3

解：(1)根据流水节拍最小值，确定该施工段的排序。

表7-2中，流水节拍的最小值为1，该节拍属于后续工序，故B施工段排后面，即第五个施工。从表7-2中排除B施工段的流水节拍，得到表7-3。

表7-3 流水节拍表

工序	施工段				
	A	—	C	D	E
a	4	—	②	5	5
b	5	—	4	6	3

(2)表7-3中，流水节拍的最小值为2，该节拍属于先行工序，故C施工段排前面，即第一个施工。从表7-3中排除C施工段的流水节拍，得到表7-4。

表7-4 流水节拍表

工序	施工段				
	A	—	—	D	E
a	4	—	—	5	5
b	5	—	—	6	③

(3)表7-4中，流水节拍的最小值为3，该节拍属于后续工序，故E施工段排后面，即第四个施工。从表7-4中排除E施工段的流水节拍，得到表7-5。

表7-5 流水节拍表

工序	施工段				
	A	—		D	—
a	④	—		5	—
b	5	—		6	

（4）表7-5中，流水节拍的最小值为4，该节拍属于先行工序，故A施工段排前面，即第二个施工。

（5）施工段A、B、C、E的位置确定以后，D施工段已经没有选择，只能第三个施工。故此时所有施工段的顺序已经确定，见表7-6。

表7-6　施工段排序表

顺序	1	2	3	4	5
施工段	C	A	D	E	B

思考：用约翰逊-贝尔曼法则进行排序后，按照紧凑法计算出的工期为21天（表7-7）；而没有排序的流水节拍表用紧凑法计算后得出的工期为23天（表7-8）。请自行作图后找出其中差异。

表7-7　流水节拍表

工序	施工段				
	C	A	D	E	B
a	2(2)	4(6)	5(11)	5(16)	3(19)
b	4(6)	5(11)	6(17)	3(20)	1(21)

表7-8　流水节拍表

工序	施工段				
	A	B	C	D	E
a	4(4)	3(7)	2(9)	5(14)	5(19)
b	5(9)	1(10)	4(14)	6(20)	3(23)

7.4　m个施工段3道工序时，施工次序的确定

约翰逊-贝尔曼法则只能用于2道工序时的排序，无法直接对3道工序进行排序。

1. 穷举法

如果m个施工段有3道工序，不满足上述特定条件时，可以采用穷举法，找出最优施工次序：将工序组合成虚拟的2道工序，再使用约翰逊-贝尔曼法则确定其最优施工次序。举例说明：见表7-9。

表 7-9　3 道工序流水节拍表

工序	施工段			
	A	B	C	D
a	5	3	3	5
b	1	2	7	9
c	4	3	4	2

表 7-9 中的施工项目有 4 个施工段、3 道工序，无法直接运用约翰逊–贝尔曼法则进行排序。此时我们可以把 a、b、c 3 道工序组合成 2 道工序(包括了所有组合情况)：(a, b+c)；(a+c, b)；(a+b, c)；(a+b, b+c)；(a+c, b+c)；(a+b, a+c)。注意：先行工序和后续工序的位置不能颠倒，例如(a+c, a+b)的组合是错误的。

2. 特殊情况

符合下列两种情况之一的，可采用约翰逊–贝尔曼法则：

1)$a_{min} \geq b_{max}$，即第 1 道工序中的施工期 a_{min} 大于或等于第 2 道工序中的施工期 b_{max}。

2)$c_{min} \geq b_{max}$，即第 3 道工序中的施工期 c_{min} 大于或等于第 2 道工序中的施工期 b_{max}。

m 个施工段 3 道工序的施工次序问题，只要符合上述两条中的一条，就能运用约翰逊–贝尔曼法则求最优施工次序。

[例 7-2]　对表 7-10 中的流水节拍表进行排序。

表 7-10　3 道工序流水节拍表

工序	施工段			
	A	B	C	D
a	4	7	8	5
b	4	5	5	4
c	6	5	7	7

解：(1)由 $c_{min} \geq b_{max}$ 可知，该 3 道工序可化为 2 道工序(a+b, b+c)，如表 7-11 所示。

表 7-11　2 道工序流水节拍表

工序	施工段			
	A	B	C	D
a+b	8	12	13	9
b+c	10	10	12	11

(2)运用约翰逊–贝尔曼法则对其进行排序得到最优次序为：A、D、C、B。

思考：按 A、D、C、B 顺序，工期为 34 天，计算过程见表 7-12；而按照 A、B、C、D 的顺序，工期则为 38 天。计算过程见表 7-13，其余排列顺序的计算略，同学们可以自行一试。

表 7-12　工程流水节拍表

工序	施工段			
	A	D	C	B
a	4(4)	5(9)	8(17)	7(24)
b	4(8)	4(13)	5(22)	5(29)
c	6(14)	7(21)	7(29)	5(34)

表 7-13　工程流水节拍表

工序	施工段			
	A	B	C	D
a	4(4)	7(11)	8(19)	5(24)
b	4(8)	5(16)	5(24)	4(28)
c	6(14)	5(21)	7(31)	7(38)

7.5　m 个施工段多于 3 道工序时，施工次序的确定

当工序多于 3 道时，求解最优施工次序变得比较复杂，可以将工序按一定方式进行组合，将其变成虚拟的 2 道工序，再按约翰逊-贝尔曼法则确定较优的施工次序。

a、b、c、d 4 道工序的组合方式有很多，如：(a+b, c+d)、(a+c, b+d)、(a+d, b+c)、(a, b+c+d)、(a+b+c, d)等。每进行一次组合只能得到较优施工次序，只有列出所有组合方式，才能从众多较优解中找到最优施工次序；若没有列出所有组合方式，只能得到相对最优解。

如果工序太多导致组合数量巨大而无法穷举时，可以考虑用相对最优解替代最优解。

单元练习

1. 简述约翰逊-贝尔曼法则的适用范围。

2. 分别用紧凑法和潘特考夫斯基法计算出下表所示施工项目的工期，并画出其横道图。

工序	施工段				
	A	B	C	D	E
a	2	4	1	2	3
b	4	3	4	6	6
c	6	6	8	7	9

单元 8　管理曲线图绘制

任务引入

　　某公路项目有 10 座小桥、30 个盖板涵、5 段挡土墙及 400 m 排水沟。实际进度为小桥超前、盖板涵滞后、挡土墙和排水沟进度与计划进度基本一致。那么，此时如何判断此公路项目的整体进度是超前、滞后还是恰好平衡呢？

　　另有一个施工项目，用到推土机、压路机、自卸汽车、摊铺机等多种机械，其中某时刻推土机、压路机提前完成任务离场，摊铺机因故未及时进场，那么，该施工项目的实际进度与计划进度相比，整体进度是否满足要求？

　　一般来说，数值的单位不同无法相加，如钢筋与水泥，或者 1000 m³ 墩台与 1000 m² 路面；但此时可以将这些项目转化为工作量(如成本或机械台班)，就可得出一个总和；然后，工程人员就可以通过这些总和来判断总体进度是否达标。

8.1　管理曲线方法

　　管理曲线，即按照横道图，用横坐标表示时间，纵坐标表示工作量(实物工程量、机械台班、费用或相对百分比)完成情况，将各个工程活动的工作量平均分配至持续时间上的各阶段，然后累加得到项目整体完成情况。

　　管理曲线绘制步骤如下：

　　1)做好横道图的副本，用累积百分比的方法标注纵坐标刻度，以时间单位为横坐标刻度。

　　2)按照工程施工计划进度计算作业量，按累计方法计算累计时间段的累积量。

　　3)将计算出来的累积量标在图纸上，并将其连接成光滑的计划管理曲线(S形)。

　　4)按实际进度统计工作量并将累积量标在图纸上，按累计方法计算累计时间段的累积量。

　　5)按实际进度将累积量标在图纸上，并将其连接成光滑的施工管理曲线(S形)。

　　6)关注计划进度点和实际进度点，比较两条管理曲线的差异。

8.2 管理曲线绘制

[**案例8-1**] 如表8-1所示,某工程项目计划16周完工,试绘制管理曲线,并比较第7周末和第15周末的两条管理曲线(虚线为计划进度,实线为实际进度)。

表8-1 工程进度计划

序号	施工时间/周 计划	实际	工程成本/万元	施工时间/周 (1~16)	累积完成
1	3	2	5		100%
2	4	4	10		
3	4	4	20		90%
4	5	4	20		
5	4	4	30		80%
6	6	5	20		
7	1	1	10		70%
8	5	5	15		
9	7	7	18		60%
10	2	2	6		
11	7	7	4		50%
12	6	6	19		
13	7	7	17		40%
14	3	3	14		
15	3	2	3		30%
16	1	1	8		
17	1	1	2		20%
18	6	3	18		
19	1	1	2		10%
20	4	4	6		

解:(1)计划进度管理曲线计算与绘制见表8-2(实际进度曲线画法与计划进度曲线相同,此处不再占用篇幅)。

(2)两条管理曲线的比较。

从表8-3可知,第7周末计划进度曲线在实际进度曲线之上,表示进度滞后;第15周计划进度曲线与实际进度曲线重合,表示进度刚好。

表 8-2

序号	施工时间/周															
	1	2	3	4	5	6	7	8	9	10	11	12	13	14	15	16
1	1.7	1.7	1.7													
2		2.5	2.5	2.5	2.5											
3				5.0	5.0	5.0	5.0									
4				4.0	4.0	4.0	4.0	4.0								
5			7.5	7.5	7.5	7.5										
6					3.3	3.3	3.3	3.3	3.3	3.3						
7											10					
8				3.0	3.0	3.0	3.0	3.0								
9			2.6	2.6	2.6	2.6	2.6	2.6	2.6							
10											3.0	3.0				
11			0.6	0.6	0.6	0.6	0.6	0.6	0.6							
12			3.2	3.2	3.2	3.2	3.2	3.2								
13			2.4	2.4	2.4	2.4	2.4	2.4	2.4							
14		4.7	4.7	4.7												
15										1.0	1.0	1.0				
16												8.0				
17												2.0				
18			3.0	3.0	3.0	3.0	3.0	3.0								
19												2.0				
20													1.5	1.5	1.5	1.5
完成	1.7	8.9	28.2	38.5	37.1	34.6	27.1	22.1	8.9	4.3	14	16	1.5	1.5	1.5	1.5
比例	0.67	3.58	11.4	15.6	15	14.	10.9	8.94	3.61	1.75	5.67	6.48	0.61	0.61	0.61	0.61
累计	0.7	4.3	15.6	31.2	46.2	60.2	71.1	80.1	83.7	85.4	91.1	97.6	98.2	98.8	99.4	100

注：完成表示相应列之和；比例表示该列工作量占所有工作量的比例；累计表示该列与该列之前的数据之和。

表 8-3

序号	施工时间/周															
	1	2	3	4	5	6	7	8	9	10	11	12	13	14	15	16
1																
2																
3																
4																
5																
6																
7																
8																
9																
10																
11																
12																
13																
14																
15																
16																
17																
18																
19																
20																
计划	0.7	4.3	15.6	31.2	46.2	60.2	71.1	80.1	83.7	85.4	91.1	97.6	98.2	98.8	99.4	100
实际	0.0	5.3	16.8	31.5	46.2	59.1	69.9	77.5	82.4	86.8	96.0	97.6	98.2	98.8	99.4	100

注：虚线在实线上方，说明同一时间实际工作量少于计划的，进度滞后；实线在虚线上方，说明同一时间实际工作量大于计划的，进度超前。

单元练习

　　将表 8-3 中"工程成本"列的 20 个数字全部增加 1 万元，试绘制其计划曲线管理图。

◀◀ 模块二·课后实训 ▶▶

班级：　　　　学号：　　　　姓名：　　　　日期：

实训目的	掌握流水作业的工期计算
实训项目	根据下表，试用直接编阵法、潘特考夫斯基法计算工期，并用约翰逊–贝尔曼法则进行施工段排序。
解题过程	

<table>
<tr><td rowspan="2">工序</td><td colspan="4">施工段</td></tr>
<tr><td>A</td><td>B</td><td>C</td><td>D</td></tr>
<tr><td>a</td><td>9</td><td>5</td><td>8</td><td>4</td></tr>
<tr><td>b</td><td>5</td><td>2</td><td>3</td><td>6</td></tr>
<tr><td>c</td><td>8</td><td>7</td><td>7</td><td>6</td></tr>
</table>

模块三　双代号网络图绘制

课程导入

模块二介绍了横道图。横道图的优点是很简单直观、**易绘易懂**。但是横道图在使用中也有很多不足，例如在横道图上，**两项工作之间的逻辑关系不好判断**；施工当中遇到了与预计不符的情况时需要调整施工进度计划，**但横道图修改起来很不方便**。

1956 年，美国杜邦·奈莫斯公司的摩根·沃克与赖明顿·兰德公司的詹姆斯·E.凯利合作，管理不同业务部门的工作，利用公司的 UNIVAC 计算机，开发了一种面向计算机描述工程项目的合理安排进度计划的方法，此方法后来被称为关键线路法（**CPM**）。这种方法的出现，能够较好地弥补横道图的不足，并且能够更好地控制施工进度。

本模块主要讲述的内容有三个，即双代号网络图的**绘制**、双代号网络图时间参数的**计算**与网络图的**优化**。

课程元素：不漏细节、主动创新

在公路建设过程中，施工人员要完成的事情成千上万，要优先完成工程量大的、技术难度高的、投资金额大的项目，又要做到顺利完成所有的细枝末节。因此，在公路施工新技术层出不穷的今天，施工人员既要了解最新施工技术动态，又要掌握与新技术相关的工程管理方法，甚至主动创新工程管理方法。

案例描述

1964 年，华罗庚撰写了《统筹方法平话》，主要目的就是推广网络图相关理论，内容包括双代号网络图和单代号网络图、肯定型与非肯定型等。之后，他又写了《统筹方法》，作为说明文被收录至小学语文课本。

在这两篇文章里，他都使用了喝茶与烧水作为开头，从日常生活入手引出后面的系列理论。在《统筹方法》里有这么一段文字：在近代工业的错综复杂的工艺过程中，往往就不是像泡茶喝这么简单了。任务多了，几百几千，甚至有好几万个任务。关系多了，错综复杂，千头万绪，往往出现"万事俱备，只欠东风"的情况。由于一两个零件没完成，耽误了一台复杂机器的出厂时间。这段文字很好地说明了一些很小的环节也能影响整体。而网络图的出现，能够将所有工作所有环节尽收眼底，避免发生"零件耽误整机"的情况。

思考

假设有一项施工新技术很适合你所在的公路建设项目，引进该项技术后，应当如何在整个项目部进行推广？

单元9 双代号网络图绘制

任务引入

单元5中,图5-1为全等节拍流水作业进度图,将其改绘成双代号网络图如下所示,其中有一张图是错的,请比较两张图的差异。

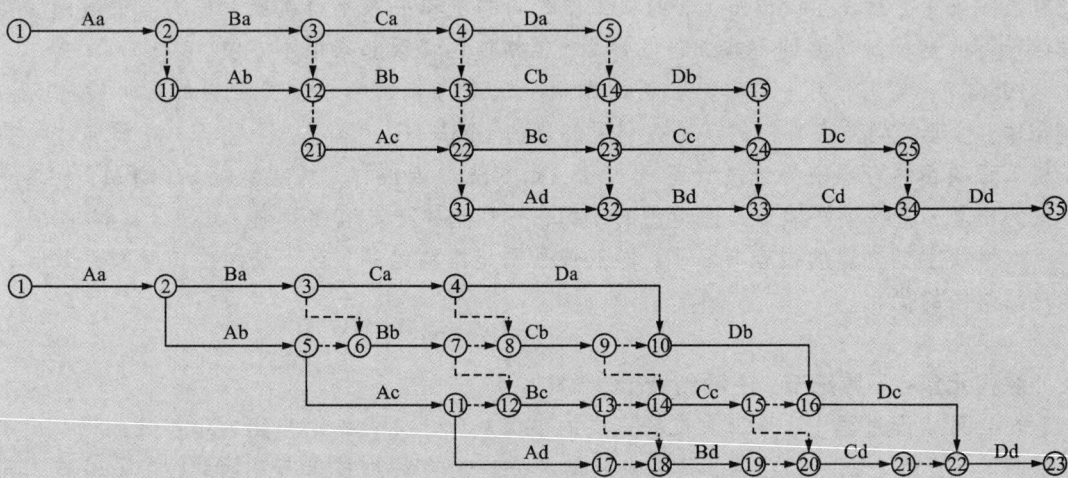

9.1 双代号网络图基本规则

1.双代号网络计划图的基本组成

双代号网络计划是目前应用较为普遍的一种网络计划形式,可以表示一项工程任务或一个计划中各项工作的先后、衔接关系和所需时间、资源。双代号网络图用两个代号表示,即箭线和节点。

(1)箭线

箭线表示一项工作,代表了某个专业队(工序)在某个施工段上的操作过程。箭线所代表的工作,可能是单位工程(如某段路线、桥梁工程等),也可能是分部(如路基工程、路面工程、土石方工程、砌筑工程等)、分项工程(如浆砌块石、沥青混凝土、挡土墙、挖基坑等)。

箭线可以分为实箭线和虚箭线:实箭线表示工作是真实存在的,这样的工作需要消耗时间和资源,常用——→表示;虚箭线表示工作是虚拟的,是不存在的,既不消耗资源又不消耗时间。虚箭线用来表达工作之间的逻辑关系,虚箭线的引入可以表达出更多的逻辑关系(有些逻辑关系用实箭线无法表达),常用┈┈▶表示。

（2）节点

节点表示前后两工作的交点,表示工作的开始、结束和连接。节点具有瞬间性,不消耗时间和资源。常用圆圈加一编号表示,如⑨。

网络图中从开始节点到结束节点之间的路径被称为线路。显然,一个网络图中线路不止一条。

2. 双代号网络计划图识图

(1)工作的表示方法

一条箭线和两个节点可以表示一项最简单的工作,工作的名称和完成工作所需的资源(也可用代码替代)标注在箭线的上、下方,节点可以用圆圈表示,也可以是其他形式,并在其中填入编号,如 i、j、k 等(图9-1)。

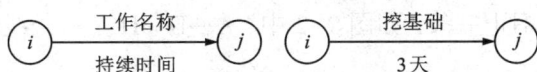

图9-1 简单工作表示方法

(2)箭线

对一个节点 i,凡是箭头指向节点的箭线都叫内向箭线。

对一个节点 i,凡是箭头背离节点的箭线都叫外向箭线。

一条箭线可能既是内向箭线,又是外向箭线,判断其内外向需要结合节点来进行,如图9-2,A 工作,对节点①而言是外向箭线,对节点②而言则是内向箭线。

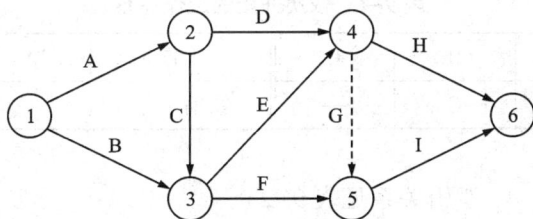

图9-2 内向外向箭线示意图

(3)节点

在一个网络图中,只有外向箭线的节点是开始节点,如图9-2中的节点①。

在一个网络图中,只有内向箭线的节点是结束节点,如图9-2中的节点⑥。

在一个网络图中,既有外向箭线又有内向箭线的节点是中间节点,如图9-2中的②③④⑤节点。

(4)工作关系

1)紧前工作:对工作 ij,凡是 i 节点上所有的内向箭线,都叫紧前工作。如图9-2中,F 工作的紧前工作是 B、C 工作。

2）紧后工作：对工作 ij，凡是 j 节点上所有的外向箭线，都叫紧后工作。如图 9-2 中，D 工作的紧后工作是 H、I 工作。

3）先行工作：对工作 ij，凡是在 i 节点之前完工的工作，都是先行工作。如图 9-2 中，H 工作的先行工作是 A、B、C、D、E 工作。

4）后续工作：对工作 ij，凡是在 j 节点之后开工的工作，都是后续工作。如图 9-2 中，C 工作的后续工作是 E、F、G、H、I 工作。

5）平行工作：就某一工作而言，与其同时施工的工作，都是该工作的平行工作，从同一节点开始的工作，肯定是平行工作。如图 9-2 中，A 工作的平行工作是 B 工作。

6）虚工作：如图 9-2 中，G 工作是虚工作。虚工作的作用是改变前后工作的逻辑关系。

（5）线路

从开始节点到结束节点（沿箭线方向）叫线路。如图 9-2 中，①→②→③→⑤→⑥为一条线路。

网络图中线路可以不止一条，如图 9-2 中，A→D→H 是一条线路，A→C→E→H 也是一条线路。

3. 双代号网络计划图的模型

（1）依次开始（图 9-3，逻辑关系见表 9-1）

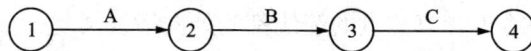

图 9-3　依次开始

表 9-1　依次开始的工作关系

工作	A	B	C	工作	A	B	C
紧后工作	B	C	—	紧前工作	—	A	B

（2）同时开始（图 9-4，逻辑关系见表 9-2）

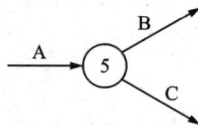

图 9-4　同时开始

表 9-2　同时开始的工作关系

工作	A	B	C	工作	A	B	C
紧后工作	BC	—	—	紧前工作	—	A	A

(3)同时结束(图9-5,逻辑关系见表9-3)

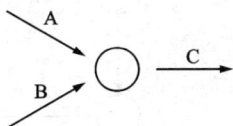

图9-5 同时结束

表9-3 同时结束的工作关系

工作	A	B	C	工作	A	B	C
紧后工作	C	C	—	紧前工作	—	—	AB

(4)全约束(图9-6,逻辑关系见表9-4)

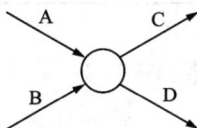

图9-6 全约束

表9-4 全约束工作关系

工作	A	B	C	D	工作	A	B	C	D
紧后工作	CD	CD	—	—	紧前工作	—	—	AB	AB

(5)二分之一约束(图9-7,逻辑关系见表9-5)

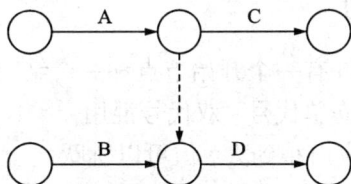

图9-7 半约束

表9-5 半约束工作关系

工作	A	B	C	D	工作	A	B	C	D
紧后工作	CD	D	—	—	紧前工作	—	—	A	AB

(6)三分之一约束(图9-8,逻辑关系见表9-6)

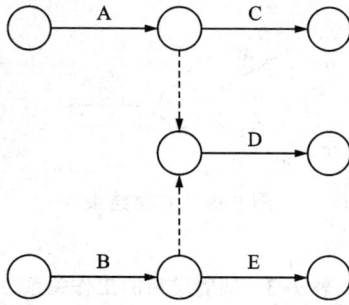

图 9-8　三分之一约束

表 9-6　三分之一约束工作关系

工作	A	B	C	D	E	工作	A	B	C	D	E
紧后工作	CD	DE	—	—	—	紧前工作	—	—	A	AB	B

（7）两项工作同时开始又同时结束（图9-9）

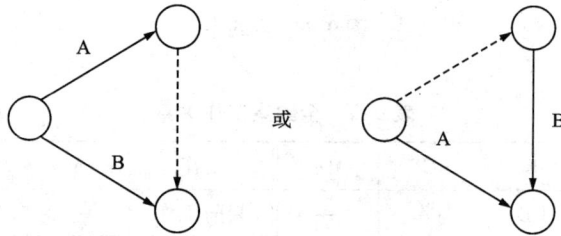

图 9-9　同时开始又同时结束的工作

4. 双代号网络图基本规则

1）一个网络计划图中只允许有一个开始节点和一个结束节点。

2）一个网络计划图中不允许单代号、双代号混用。

3）节点大小要适中，编号应由小到大，但可以跳跃。

4）一对节点之间只能有一条箭线，如图9-10是错误的；一对节点之间不能出现无头箭杆，如○-----○是错误的。

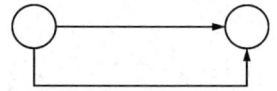

图 9-10　一对节点两项工作

5）网络计划图中不允许有循环线路，如图9-11是错误的。

6）网络计划图中不允许有相同编号的节点或相同代码的工作。

7）网络计划图的布局应合理，要尽量避免箭线的交叉，如图9-12（a）应调整为图9-12（b）。当箭线的交叉不可避免时，可采用暗桥或断线方法来处理。

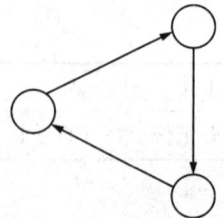

图 9-11　循环路线

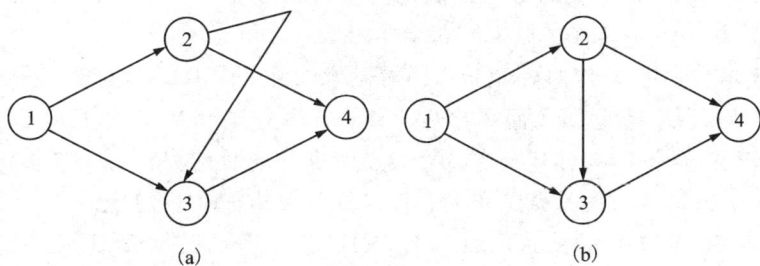

图 9-12　避免交叉的情况

9.2　双代号网络计划图的绘制

1. 工作关系为紧前工作

[例 9-1]　根据表 9-7 绘制出双代号网络计划图。

表 9-7　工作逻辑关系表

工作	A	B	C	D	E	F	G	H	I	J
紧前工作	—	A	A	BC	A	A	F	DEG	DE	HI

解：绘图步骤如下：

(1)首先分析工作关系。

1)找出最先开始的工作：A(A 前面没有工作，意味着 A 是最先开始的工作)；

2)找出结束工作：J；

3)找出有约束关系的工作(H、I 工作是半约束关系)；

4)找出同时开始的工作(B、C、E、F 工作同时开始，因为 B、C、E、F 工作的紧前工作都是 A)；

5)找出同时结束的工作(B、C 工作同时开始又同时结束，所以肯定要有虚箭线；H、I 工作同时结束)。

(2)分析工作完成后，开始动手画草图(如图 9-13)。

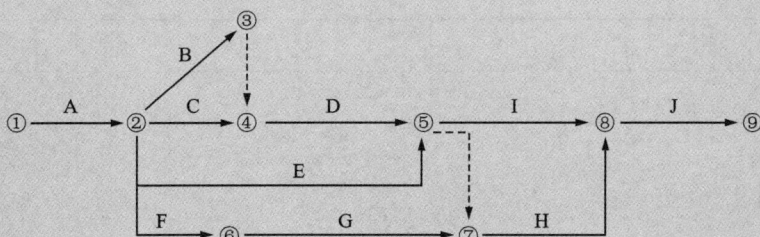

图 9-13

1)画出一个开始节点①，然后画出最先开始的 A 工作。

2)画出 B、C、E、F 工作，都从节点②开始。

3)由于 B 工作和 C 工作同时开始又同时结束，所以在 B 工作后面画出节点③，在 C 工作后面画出节点④，③和④之间画出虚箭线(如果 D 工作从节点④开始，则虚箭线的箭头指向节点④；如果 D 工作从节点③开始，则虚箭线的箭头指向③节点)。

4)F 工作与 G 工作的关系是简单的，可以直接画出(图 9-13)。

5)I 工作与 D、E 工作的关系比 H 工作与 D、E 工作的关系要简单，所以，先画出 I 工作与 D、E 工作的关系，即 D、E 工作同时在节点⑤结束，I 工作从节点⑤开始。

6)由于 D、E 工作已出现，所以只画出 H 工作与 G 工作的关系，即 H 工作从节点⑦开始，再用虚箭线连接 H 工作与 D、E 工作，虚箭线箭头指向节点⑦。

7)H 工作与 I 工作同时结束在节点⑧。

8)J 工作从节点⑧开始，在节点⑨结束。

9)按表 9-7 仔细检查各工序之间的逻辑关系，确定无误后整理草图。

[例 9-2]　根据表 9-8 绘制出双代号网络图。

表 9-8　工作逻辑关系表

工作	A	B	C	D	E	F	G	H
紧前工作	—	—	A	A	BC	BC	DE	DEF

解：如图 9-14 所示。

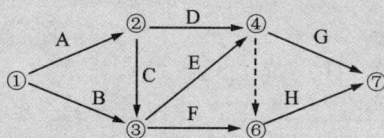

图 9-14　双代号网络图

[例 9-3]　根据表 9-9 绘制出双代号网络图。

表 9-9　工作逻辑关系表

工作	A	B	C	D	E	F
紧前工作	—	—	—	AB	AC	ABC

解：如图 9-15 所示。

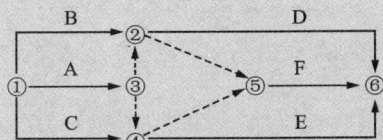

图 9-15　双代号网络图

[例 9-4]　根据表 9-10 绘制出双代号网络图。

表 9-10　工作逻辑关系表

工作	A	B	C	D	E
紧前工作	—	—	A	AB	B

解：如图 9-16 所示。

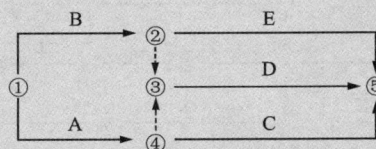

图 9-16　双代号网络图

2. 工作关系为紧后工作

[例 9-5]　根据表 9-11 绘制出双代号网络图。

表 9-11　工作逻辑关系表

工作	A	B	C	D	E	F	G	H	I	J	K
紧后工作	BC	DEF	DEF	H	G	J	H	I	—	K	—

解：绘图步骤：找出最先开始的工作(紧后工作中没有出现过的工作即为最先开始的工作)。

(1)分析工作关系。

1)同时开始的工作：B、C，D、E、F。

2)有约束关系的工作：B、C 为全约束关系，无需引入虚线。但 B、C 工作同时开始又同时结束，需要引入一条虚线。

3)同时结束的工作：D、G，I、K。

（2）分析工作完成后，开始动手画草图（图9-17）。

1）画出一个开始节点①，然后画出A工作，因为A工作在紧后工作中没有出现，所以A工作是最先开始的工作。

2）画出B、C工作，都从节点②开始。

3）由于B工作和C工作同时开始又同时结束，所以在B工作后面画出节点④，在C工作后面画出节点③，③和④之间画出虚箭线（如果D、E、F工作从④节点开始，则虚箭线的箭头指向节点④；如果D工作从节点③开始，则虚箭线的箭头指向节点③）。

4）E工作与G工作、F工作与J工作、J工作与K工作的工作关系是简单的，可以直接画出（图9-17）。

5）D工作与G工作的紧后工作都是H工作，所以D工作与G工作同时结束在节点⑥，H工作从节点⑥开始。

6）由于H工作与I工作关系是简单的，可以直接画出（图9-17）。

7）K工作与I工作同时结束在节点⑩。

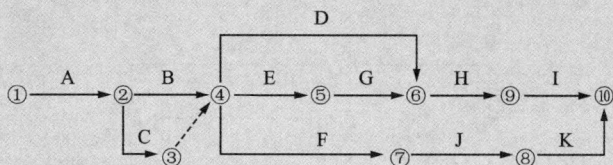

图9-17　双代号网络图

[例9-6]　根据表9-12绘制出双代号网络图。

表9-12　工作逻辑关系表

工作	A	B	C	D	E	F	G	H	I
紧后工作	CDEF	EF	G	H	H	I	—	—	—

解：如图9-18所示。

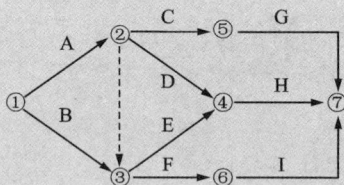

图9-18　双代号网络图

[例9-7]　根据表9-13绘制出双代号网络图。

表9-13　工作逻辑关系表

工作	E	F	G	H	I	J	K	L	M	N	P	Q	R	S
紧后工作	IK	K	KLN	N	J	P	PQR	M	R	RS	—	—	—	—

解：如图9-19所示。

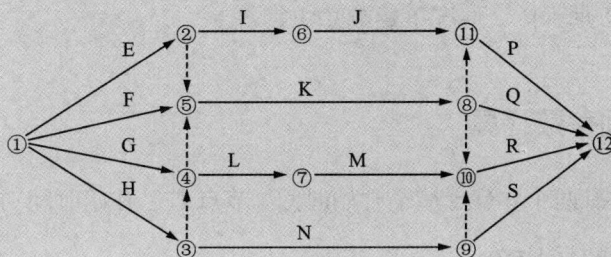

图9-19　双代号网络图

注意：逻辑关系为紧后工作关系时，网络计划图的绘图步骤如下。

1）找出最先开始工作与结束工作（紧后工作中没有出现过的工作就是最先开始的工作；没有紧后工作的必然是结束工作）。

2）先画简单的关系，后画复杂的关系。

3）找共同约束关系。

单元练习

1. 根据下表绘制双代号网络图。

工序	A	B	C	D	E	F	G	H	I	J	K	L
紧前工作	—	—	A	A	AF	BC	F	DE	EG	EG	HI	J

2. 根据下表绘制双代号网络图。

工序	A	B	C	D	E	F	G	H	I	J
紧前工作	—	—	AB	B	B	CD	CDE	CDE	F	FGH

单元 10　双代号网络图时间参数计算

任务引入

　　双代号网络图能表达的信息很多，如什么情况下影响后续工作，什么情况下影响后续工作但不影响总工期，什么情况下影响总工期等。

10.1　节点的时间参数计算

　　节点的时间参数有两个：节点最早开始时间、节点最迟开始时间。

1. 节点最早开始时间 ET_i

　　节点最早开始时间即可以开工的最早时间，表示该节点的紧前工作已全部完工。

（1）计算方法

　　从开始节点起，沿箭线方向，依次计算每一个节点，直至结束节点。具体计算方法为从左往右（只看内向箭线）累加取大，见式（10-1）。

$$ET_j = \{ET_i + D_{ij}\}_{max} \qquad （只看内向箭线） \qquad (10-1)$$

式中：ET_j 为 j 节点的最早开始时间；ET_i 为 i 节点的最早开始时间；D_{ij} 为 ij 工作的工期。

（2）规定

　　开始节点最早开始时间为零，即 $ET_1 = 0$。

（3）图例（图 10-1）

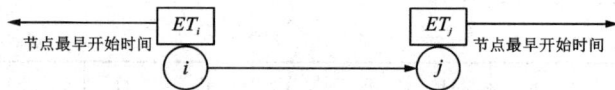

图 10-1　节点最早开始时间图例

［例 10-1］　计算图 10-2 中双代号网络图的节点最早开始时间 ET_i。

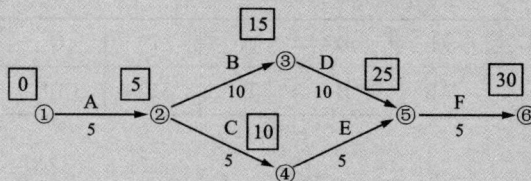

图 10-2　双代号网络图

解：第 1 步，$ET_1=0$；

第 2 步，$ET_2=ET_1+D_{12}=0+5=5$；

第 3 步，$ET_3=ET_2+D_{23}=5+10=15$；

第 4 步，$ET_4=ET_2+D_{24}=5+5=10$；

第 5 步，$ET_5=ET_3+D_{35}=15+10=25$；而不是 $ET_5=ET_4+D_{45}=10+5=15$。

第 6 步，$ET_6=ET_5+D_{56}=25+5=30$。

总结：由以上计算可见，计划总工期为 30 天。

2. 节点最迟开始时间 LT_i

节点最迟开始时间表示节点开工不能迟于这个时间，若迟于这个时间，将会影响计划的总工期。

（1）计算方法

从结束节点开始，逆着箭线方向，依次计算每一个节点，直至开始节点。具体计算方法为从右往左（只看外向箭线）累减取小见公式（10-2）。

$$LT_i=\{LT_j-D_{ij}\}_{\min}\quad（只看外向箭线）\tag{10-2}$$

式中：LT_i 为 i 节点的最迟开始时间；LT_j 为 j 节点的最迟开始时间；D_{ij} 为 ij 工作的工期。

（2）规定

结束节点最迟开始时间和最早开始时间相等，即计划的总工期。开始节点的最早开始时间和最迟开始时间也相等，且都等于 0。

（3）图例（图 10-3）

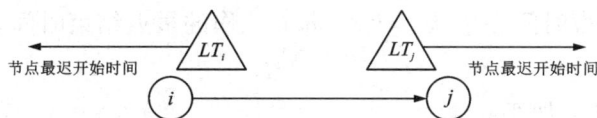

图 10-3　节点最迟开始时间图例

[例 10-2]　根据图 10-4 计算双代号网络图的节点最早开始时间 LT_i。

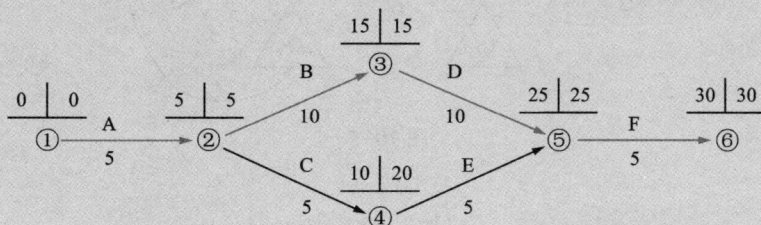

图 10-4

解：第 1 步，$LT_6=30$；

第 2 步，$LT_5=LT_6-D_{56}=30-5=25$；

第 3 步，$LT_4 = LT_5 - D_{45} = 25 - 5 = 20$；

第 4 步，$LT_3 = LT_5 - D_{35} = 25 - 10 = 15$；

第 5 步，$LT_2 = LT_3 - D_{23} = 15 - 10 = 5$；而不是 $LT_2 = LT_4 - D_{24} = 20 - 5 = 15$；

第 6 步，$LT_1 = LT_2 - D_{12} = 5 - 5 = 0$（若最后计算出 $LT_1 \neq 0$，说明计算结果错误。）。

总结：由以上计算可见，关键线路为①②③⑤⑥。关键线路上节点的最早、最迟开始时间相同，结果如图 10-4 所示。节点最早（迟）开始时间也可简化为图 10-4 的形式。

10.2 工作的时间参数计算

工作的时间参数有 4 个：最早开始时间、最早结束时间、最迟开始时间、最迟完成时间。

1. 工作的最早开始、最早结束时间

1）工作的最早开始时间 ES：$ES_{ij} = ET_i$，即 ij 工作的最早开始时间 ES_{ij} 与 i 节点的最早开始时间 ET_i 相等。

2）工作的最早结束时间 EF：$EF_{ij} = ES_{ij} + D_{ij}$，即 ij 工作的最早结束时间 EF_{ij} 等于工作的最早开始时间 ES_{ij} 加上工作的工期 D_{ij}。

2. 工作的最迟开始、最迟结束时间

1）工作的最迟开始时间 LS：$LS_{ij} = LF_{ij} - D_{ij}$，即 ij 工作的最迟开始时间 LS_{ij} 等于工作的最迟结束时间 LF_{ij} 减去工作的工期 D_{ij}。

2）工作的最迟结束时间 LF：$LF_{ij} = LT_j$，即 ij 工作的最迟结束时间 LF_{ij} 等于 j 节点的最迟开始时间 LT_j。

3）图例：如图 10-5 所示。

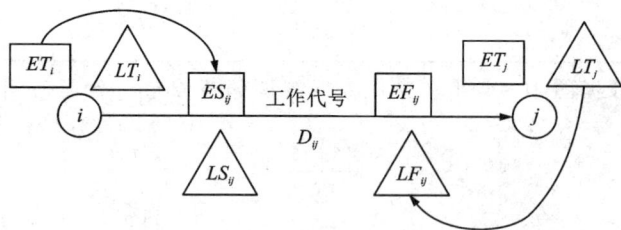

图 10-5

[例10-3] 计算图10-6双代号网络图中的各工作时间参数。

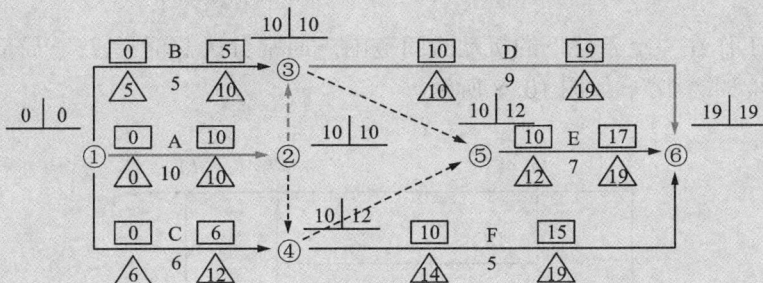

图10-6

解：第1步，①节点是开始节点，$ES_A = 0$，即 $EF_A = ES_A + 10 = 10$；

第2步，$ES_B = 0$，即 $EF_B = ES_B + 5 = 0 + 5 = 5$；

第3步，$ES_C = 0$，即 $EF_C = ES_C + 6 = 0 + 6 = 6$；

同理，得 $ES_D = 10$，$EF_D = ES_D + 9 = 10 + 9 = 19$；

$\qquad ES_E = 10$，$EF_E = ES_E + 7 = 10 + 7 = 17$；

$\qquad ES_F = 10$，$EF_F = ES_F + 5 = 10 + 5 = 15$；

第4步，⑥节点是结束节点，$LF_F = 19$，即 $LS_F = LF_F - 5 = 19 - 5 = 14$；

第5步，⑥节点是结束节点，$LF_E = 19$，即 $LS_E = LF_E - 7 = 19 - 7 = 12$；

第6步，⑥节点是结束节点，$LF_D = 19$，即 $LS_D = LF_D - 9 = 19 - 9 = 10$；

同理，$LF_C = 12$，$LS_C = LF_C - 6 = 12 - 6 = 6$；

$\qquad LF_B = 10$，$LS_B = LF_B - 5 = 10 - 5 = 5$；

$\qquad LF_A = 10$，$LS_A = LF_A - 10 = 10 - 10 = 0$。

总结：若工作的 $ES = LS$，则说明此工作没有时差，为关键工作；若工作的 $ES \neq LS$，则说明此工作有机动时间可利用；此图的关键线路为①②③⑥。

[例10-4] 完成图10-7的工作时间参数计算，并找出关键线路。

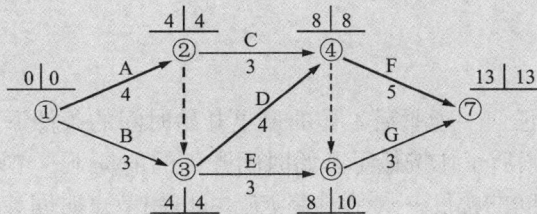

图10-7

关键线路：①→②→③→④→⑦

10.3 工作的时差计算

时差反映工作在一定条件下的机动时间范围。通常分为总时差 TF、局部时差 FF、IF 相干时差和独立时差 DF，如图 10-8 所示。

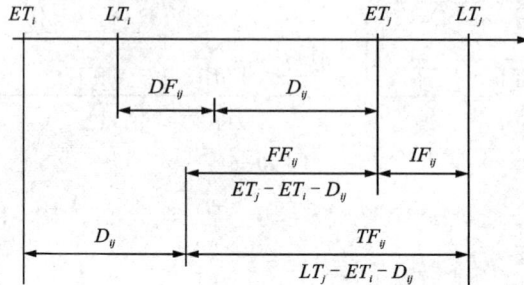

图 10-8

1. 总时差 TF

其定义为在不影响任何一项紧后工作的最迟必须开始时间的条件下，本工作所拥有的最大机动时间，即在保证本工作以最迟完成时间完工的前提下，允许该工作推迟其最早开始时间或延长其持续时间的幅度。总时差 TF_{ij} 可以用节点时间参数或过程参数来计算。

（1）用节点时间参数来计算

$$TF_{ij} = LT_j - ET_i - D_{ij} \qquad (10-3)$$

（2）用过程参数来计算

$$TF_{ij} = LS_{ij} - ES_{ij} = LF_{ij} - EF_{ij} \qquad (10-4)$$

（3）总结

1）如果总时差等于 0，其他时差也都等于 0。

2）总时差不但属于本工作，而且可以传递，为一条线路所共有。

3）总时差最小的工作为关键工作，关键工作组成的线路为关键线路。

4）总时差等于 0，说明本工作没有机动时间。

5）总时差大于 0，说明本工作有机动时间；总时差小于 0，说明计划工期超过了合同工期，应进行调整。

2. 局部时差 FF

其定义为在不影响任何一项紧后工作的最早开始时间的条件下，本工作所拥有的最大机动时间，即在不影响紧后工作按最早开始时间开工的前提下，允许该工作推迟其最早开始时间或延长其持续时间的幅度。局部时差 FF_{ij} 可以用节点时间参数或过程参数来计算。

（1）用节点时间参数来计算

$$FF_{ij} = ET_j - ET_i - D_{ij} \qquad (10-5)$$

（2）用过程参数来计算

$$FF_{ij} = ES_{jk} - ES_{ij} - D_{ij} \qquad (10-6)$$

（3）总结

1）局部时差属于本工作，不能传递。

2）局部时差小于或等于总时差。

3）使用局部时差对紧后工作没有影响。

3. 相干时差 *IF*

（1）定义

其定义为一个工作的终点上的一对节点时间参数之差。

（2）计算公式

$$IF_{ij} = LT_j - ET_j \tag{10-7}$$

（3）总结

1）相干时差可以传递，前后工作可共用。

2）相干时差+局部时差=总时差。

4. 独立时差 *DF*

其定义为在不影响紧前工作最迟结束时间及紧后工作最早开始时间的条件下，本工作所拥有的机动时间。它可以用节点时间参数或过程参数来计算。

（1）用节点时间参数来计算

$$DF_{ij} = ET_j - LT_i - D_{ij} \tag{10-8}$$

（2）用过程参数来计算

$$DF_{ij} = ES_{jk} - LF_{ij} - D_{ij} \tag{10-9}$$

（3）总结

1）独立时差属于本工作，不能传递。

2）独立时差小于或等于局部时差。

3）使用独立时差对紧前、紧后工作都没有影响。

5. 图例

TF_{ij}、FF_{ij}、IF_{ij}、DF_{ij} 通常写在工作（即箭线）的上方，表示方法如图10-9所示。

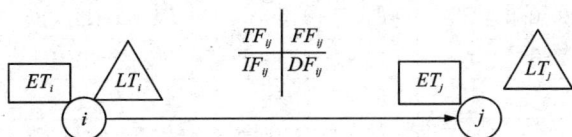

图 10-9

[例10-5] 用节点时间参数计算图 10-10 中各工作的总时差 TF、局部时差 FF、相干时差 IF 和独立时差 DF，并找出关键线路。

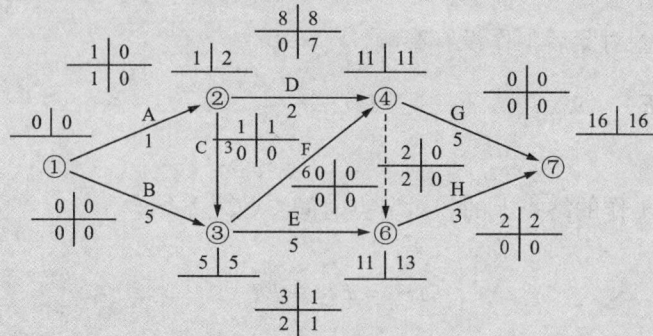

图 10-10

解：计算步骤如下及如表 10-1。

(1)总时差 TF。

$TF_A = 2-0-1 = 1$，$TF_B = 5-0-5 = 0$，$TF_C = 5-1-3 = 1$，$TF_D = 11-1-2 = 8$，$TF_E = 13-5-5 = 3$，$TF_F = 11-5-6 = 0$，$TF_G = 16-11-5 = 0$，$TF_H = 16-11-3 = 2$，$TF_{虚} = 13-11-0 = 2$。

(2)局部时差 FF。

$FF_A = 1-0-1 = 0$，$FF_B = 5-0-5 = 0$，$FF_C = 5-1-3 = 1$，$FF_D = 11-1-2 = 8$，$FF_E = 11-5-5 = 1$，$FF_F = 11-5-6 = 0$，$FF_G = 16-11-5 = 0$，$FF_H = 16-11-3 = 2$，$FF_{虚} = 11-11-0 = 0$。

(3)相干时差 IF。

$IF_A = 2-1 = 1$，$IF_B = IF_C = 5-5 = 0$，$IF_D = IF_F = 11-11 = 0$，$IF_E = IF_{虚} = 13-11 = 2$，$IF_G = IF_H = 16-16 = 0$。

(4)独立时差 DF。

$DF_A = 1-0-1 = 0$，$DF_B = 5-0-5 = 0$，$DF_C = 5-2-3 = 0$，$DF_D = 11-2-2 = 7$，$DF_E = 11-5-5 = 1$，$DF_F = 11-5-6 = 0$，$DF_G = 16-11-5 = 0$，$DF_H = 16-13-3 = 0$，$DF_{虚} = 11-1-0 = 0$。

(5)关键线路为①③④⑦。

表 10-1

序号	工作	TF	FF	IF	DF
1	A	$TF_A = 2-0-1 = 1$	$FF_A = 1-0-1 = 0$	$IF_A = 2-1 = 1$	$DF_A = 1-0-1 = 0$
2	B	$TF_B = 5-0-5 = 0$	$FF_B = 5-0-5 = 0$	$IF_B = 5-5 = 0$	$DF_B = 5-0-5 = 0$
3	C	$TF_C = 5-1-3 = 1$	$FF_C = 5-1-3 = 1$	$IF_C = IF_B$	$DF_C = 5-2-3 = 0$
4	D	$TF_D = 11-1-2 = 8$	$FF_D = 11-1-2 = 8$	$IF_D = 11-11 = 0$	$DF_D = 11-2-2 = 7$
5	E	$TF_E = 13-5-5 = 3$	$FF_E = 11-5-5 = 1$	$IF_E = 13-11 = 2$	$DF_E = 11-5-5 = 1$
6	F	$TF_F = 11-5-6 = 0$	$FF_F = 11-5-6 = 0$	$IF_F = IF_D$	$DF_F = 11-5-6 = 0$
7	G	$TF_G = 16-11-5 = 0$	$FF_G = 16-11-5 = 0$	$IF_G = 16-16 = 0$	$DF_G = 16-11-5 = 0$
8	H	$TF_H = 16-11-3 = 2$	$FF_H = 16-11-3 = 2$	$IF_H = IF_G$	$DF_H = 16-13-3 = 0$
9	虚	$TF_{虚} = 13-11-0 = 2$	$FF_{虚} = 11-11-0 = 0$	$IF_{虚} = IF_E$	$DF_{虚} = 11-1-0 = 0$

6. 关键线路及其确定

由关键工作组成的线路叫关键线路。在一个网络图中，持续时间之和最长的线路是关键线路。关键线路以外的线路都是非关键线路。非关键线路上的工作并非全由非关键工作组成。

（1）关键线路的确定

1）总时差最小的工作所组成的线路是关键线路。

2）关键线路上所有节点的两个时间参数相等；但如果节点的两个时间参数相等，该节点不一定是关键线路上的节点。

3）要成为关键线路上的节点，还需加上条件：箭尾节点时间+工作持续时间=箭头节点时间，满足此两条件的工作，即为关键工作。

（2）总结

1）关键线路在网络图中不止一条。

2）非关键工作如果将总时差全部用完，就转化为关键工作。

3）如果总时差为零，其他时差也一定为零。

4）当非关键线路延长的时间超过它的总时差，关键线路就转化为非关键线路。

单元练习

1. 根据下表绘制双代号网络图，并计算其节点时间参数和时差。

工作代号	A	B	C	D	E	F	G	H	I
紧前工作	—	—	A	B	B	AD	E	CEF	G
持续时间	3	4	1	5	2	3	5	4	3

2. 根据下表绘制双代号网络图，并在图上计算节点时间。

工作代号	A	B	C	D	E	F	G	H	I
紧后工作	CE	DF	GH	GH	I	—	I	—	—
持续时间	3	4	4	2	6	3	2	4	3

3. 根据下表绘制双代号网络图，并在图上计算节点时间（提示：根据网络图绘制规则，出现循环线路的网络图是错误的）。

工作代号	A	B	C	D	E	F	G	H
紧后工作	—	—	A	A	AB	CDE	F	CEF
持续时间	3	4	3	5	2	2	5	3

单元 11　时间坐标网络图绘制

在一般网络计划中，工作的工期(工作的持续时间)在箭线下方标出，各项工作的开始时间和结束时间不能直接看出来且不能反映整个计划的时间进程。

11.1　时间坐标网络计划

时间坐标网络计划，简称时标网络计划，是在一般网络计划的上方或下方增加一个时间坐标，箭线的长短即表示该工作的工期，是网络计划的另一种表达形式。时间坐标网络图(简称时标网络图)可以按节点最早时间、节点最迟时间进行标画。

1. 按节点最早时间标画时标网络图

[例11-1]　将图11-1所示的一般网络图，按节点最早时间标画成时标网络图。

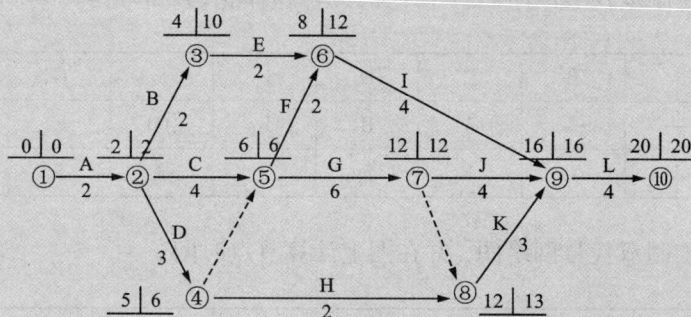

图 11-1

解：具体步骤如下。

1)先计算各节点的时间参数，并找出关键线路(图11-1)。

2)作出时间坐标(图11-2)。

3)按节点最早时间把关键线路标画在图中适当位置(图11-2)。

4)按节点最早时间标画非关键线路，标画时应注意：①工作用实箭线表示，箭线的长度表示工作持续时间的长短；②虚工作仍用虚箭线表示；③机动时间用虚线表示，并在实箭线与虚箭线分界处加一个截止短线；④纵向没有时间含义。

按以上步骤可画得如图11-2所示的时标网络图。

总结：按节点最早时间标画的时间坐标网络图，可以直接得到局部时差。如图11-2中，各工作的机动时间(虚线部分)即各工作的局部时差。

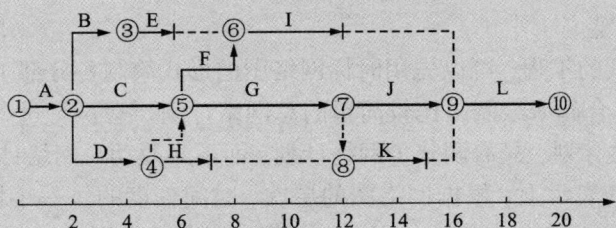

图11-2

2. 按节点最迟时间标画时标网络图

按节点最迟时间标画时标网络图与按节点最早时间标画时标网络图其具体步骤完全相同，只是各工作的机动时间画在左侧，即各节点由最早位置移动到最迟位置。仍以图11-1例，得到的时标网络图如图11-3所示。

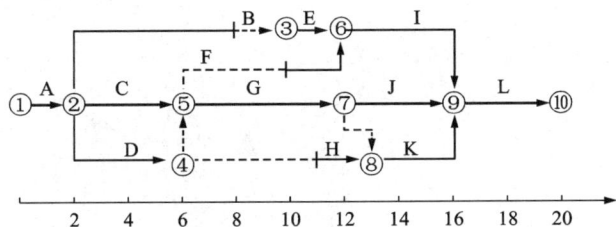

图11-3

注意：按节点最迟时间标画的时标网络图不能直接得到任何时差，即图11-3中各工作的机动时间(虚线部分)什么时差都不是。

11.2　时标网络计划的特点和应用

1. 时标网络计划的特点

1)时标网络图能直观地反映出整个计划的时间进程，与横道图比较接近。

2)时标网络图能直接反映出各项工作的开始和结束时间，机动时间及关键线路；在计划执行过程中，可以随时确定哪些工作应该已经完成，哪些工作正在进行及哪些工作将要开始，如果实际执行过程中偏离了计划，应及时调整。

3)时标网络图能清楚地表示出哪些工作可以平行进行，以帮助材料员确定在同一时间内各种材料、机械等资源的大致需要量。

4)时标网络图的调整比较麻烦，当工期发生变化或资源供应有问题及其他原因而导致某些工作不能正常进行时，这样往往导致整个时标网络图发生变动。

2. 时标网络计划的应用

1）对工作项目少或工艺过程较简单的施工进度计划，利用时标网络图能迅速方便地边绘制、边计算、边调整。

2）对于大型复杂的工程，可以先用时标网络图的形式绘制各分部工程或分项工程的网络计划图，然后再综合起来绘制出比较简单的总网络计划。在执行过程中，如果有偏差或其他原因等需要调整计划，只需调整子网络计划，而不必改动总网络计划。

3）在时间坐标的表示上，根据网络图的层次，时间刻度的每一小格可以是 1 天、1 个月、1 个季度或 1 年。在安排时间时，应考虑节假日和雨季的影响，要留有调整余地。

单元练习

基于节点最早时间绘制的时标网络图中，虚线的长度代表什么？基于节点最迟时间绘制的时标网络图中，虚线的长度代表什么？

单元 12　网络图优化

任务引入

　　双代号网络图,往往需要经历多次优化后才能形成最终结果。在实际工程项目施工过程中,需要随时根据实际情况进行修改。

12.1　工期优化

　　在网络计划中,关键线路控制着施工任务的总工期,当计划的总工期超过了合同总工期时,就应该从关键线路着手优化。缩短关键线路的方法有:优化原来的组织计划,压缩关键工作的持续时间等。

1. 优化原来的组织计划

(1)将顺序工作调整为平行工作
将顺序工作调整为平行工作,A 工作与 B 工作不在同一工作面上,如图 12-1 所示。

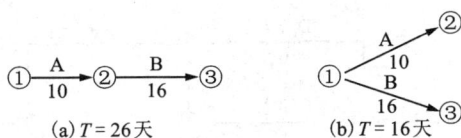

图 12-1

(2)将顺序工作调整为交叉工作
　　如某一辅线工程,里程为 3 公里,计划将其分为 3 个工程项目:施工准备工作 18 天;路基工程 15 天;路面工程 6 天。

　　1)若按顺序施工,工期 $T = 39$ 天,如图 12-2 所示。

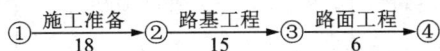

图 12-2

　　2)若采用交叉作业,工期 $T = 25$ 天,如图 12-3 所示。将这段路分成 3 个施工段,按流水作业方法组织,则工作关系为:见表 12-1。

表 12-1

工作	准备 1	准备 2	准备 3	路基 1	路基 2	路基 3	路面 1	路面 2	路面 3
紧前工作	—	准备 1	准备 2	准备 1	准备 2 路基 1	准备 3 路基 2	路基 1	路基 2 路面 1	路基 3 路面 2
持续时间/天	6	6	6	5	5	5	2	2	2

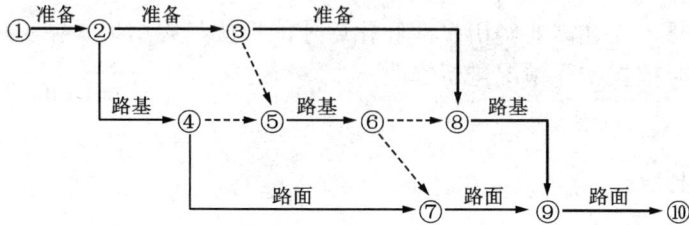

图 12-3

(3)延长非关键工作的持续时间

图 12-4 所示网络计划图,计划工期为 27 天,上级要求工期降至 25 天。在工作面允许的情况下,按照劳动量相等的原则,可以把 C 工作延长 2 天,把 E 工作延长 1 天,从 C 工作中抽走 4 人,从 E 工作中抽走 1 人。这样就可使工期满足要求,但关键线路发生了变化,如图 12-5 所示。

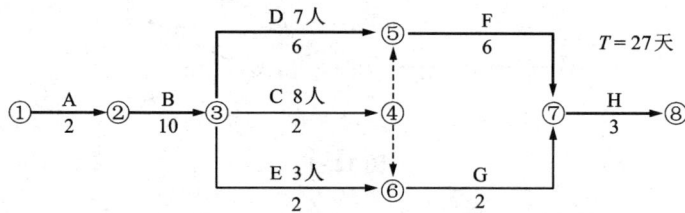

图 12-4

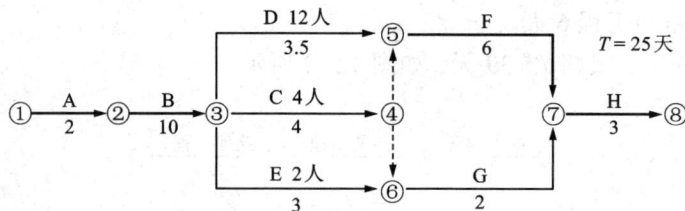

图 12-5

(4)推迟非关键工作的开始时间

图 12-6 所示网络计划图,计划工期为 27 天,上级要求 25 天完工。在工作面允许的条件下,推迟 C 工作的开工时间,将 C 工作的 8 人全部投入 B 工作。按新的网络计划图施

工就能满足上级要求,如图 12-7 所示。

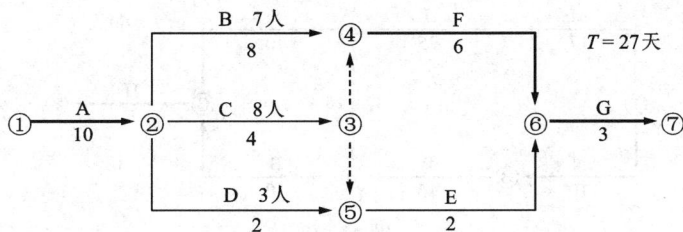

图 12-6

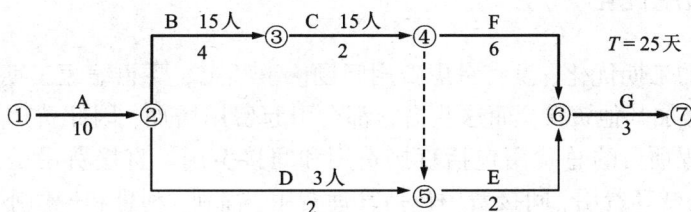

图 12-7

2. 压缩关键工作的持续时间

在工作面允许且资源充足的情况下,通过从计划外增加资源,压缩关键工作的持续时间,可以达到缩短工期的目的。需要注意的是,在压缩关键线路的同时,会使某些时差较小的次关键线路上升为关键线路,这时需要继续压缩新的关键线路。

如图 12-8 所示的网络计划图,计划工期为 68 天,上级规定工期为 60 天。

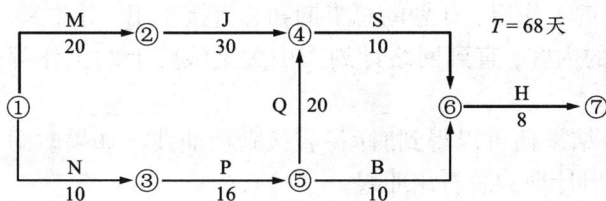

图 12-8

第 1 次,J 工作压缩 5 天,M 工作压缩 3 天,新的网络计划图如图 12-9 所示。

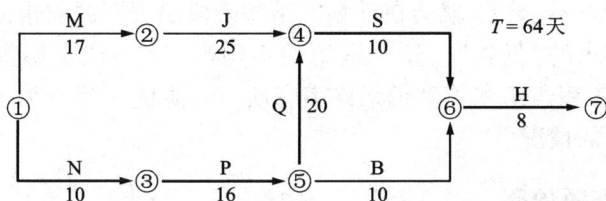

图 12-9

第 2 次，Q 工作压缩 4 天，新的网络计划图如图 12-10 所示，已满足 60 天工期要求。

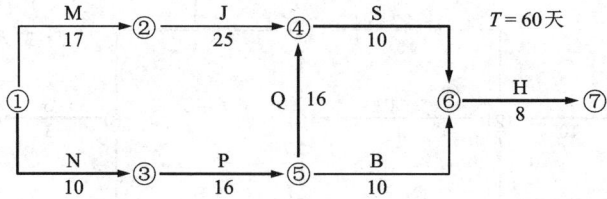

图 12-10

12.2 时间-费用优化

前面所讨论的工期优化，没有考虑费用问题。事实上，要想缩短工期，一般可以增加劳动力、加班或增加其他资源，而这些措施都会引起费用增加，因此费用与工期有着密切的关系。公路工程项目的总费用包括直接费用和间接费用。直接费用是指完成工程所需的人工、材料、机械等费用；间接费用包括管理费用、福利、利息和一切不便于计入直接费用的其他附加费用。直接费用随着工期的缩短而增加，间接费用则随着工期的缩短而减少。因此，对于工程项目来说，就有时间-费用的优化问题。

时间-费用优化的基本步骤为：

1）按正常工作时间编制网络计划图，并计算计划工期和完成计划的直接总费用。

2）列出构成整个计划的各项工作在正常工期时的直接费用，以及关键工作每缩短单位时间所增加的费用，即费用斜率。

3）根据费用最小原则，找出关键工作中费用斜率最小的，然后压缩其工期，这样增加的直接费用是最少的。

4）计算加快某关键工作后，计划的总工期和总直接费用，并重新确定关键线路。

5）重复 3）和 4）的内容，直到网络计划图中关键线路上的工作都达到最短持续时间，而不能再压缩为止。

6）根据以上计算结果便可以得到时间-直接费用曲线。如果时间-间接费用曲线也已知，叠加曲线便可得出计划的总费用曲线。

7）总费用曲线上的最低点所对应的工期，就是整个项目计划总费用最低的最优工期。

12.3 资源优化

如果工作进度安排不恰当，就会在计划的某些阶段出现资源需求的"高峰"，而在另一些阶段会出现资源需求的"低谷"。这种资源的不均衡，会造成资源供应不足或资源供应过剩，同时，也会给工程组织和管理带来许多麻烦。资源优化就是为了解决这些问题。下面介绍两种资源优化的情况。

1. 规定工期的资源均衡

在工期限定的情况下，当对资源的需求出现"高峰"时，我们通常对非关键工作进行调整，以使资源尽量达到均衡，调整的方法有以下三种：

1）利用时差，推迟某些工作的开始时间。推迟规则为：①优先推迟资源强度小的工作（资源强度是指单位时间内的资源需要量）；②当有几项工作的资源强度相同时，优先推迟机动时间大的工作。

2）在条件允许的情况下，可在资源需要量超限的时段内中断某些工作，以减少对资源的需要量。

3）改变某些工作的持续时间。

2. 资源有限使工期最短

当一项工程计划经过调整后可使资源变得均衡且所需要的资源很充足，就可以下达实施了；但是，当资源供应有限时，就要根据有限的资源去安排工作。下面介绍一种资源有限的分配方法——备用库法。

备用库法分配有限资源的基本原理为：设想可供分配的资源储藏在备用库中，任务开始后，从库中取出资源，按工作的优先安排规则给即将开始的工作分配资源，并考虑到尽可能的最优组合，分配不到资源的工作就推迟开始。随着时间的推移和工作的结束，资源陆续返回到备用库中。当库中的资源达到能满足即将开始的一项或几项工作的资源需要时，再从备用库中取出资源，然后按这些工作的优先安排规则进行分配。反复进行以上操作，直到所有工作都分配到资源为止。

资源分配的优先安排规则为：①**优先安排机动时间少的工作**；②当几项工作的机动时间相同时，**优先安排持续时间短的和资源强度小的工作**。

应注意的是应优先保障关键工作的资源安排和力争减少资源的库存积压，提高利用率。

[**案例 12-1**]　某工程合同工期为 55 天。合同规定提前完工奖励 200 元/天，工期延误则赔偿 200 元/天，工程施工安排如图 12-11 所示。问：施工单位的工期定为多少，才能使经济效益最好？

提示：网络图中，箭线上方为每压缩 1 天工期所增加的费用，箭线下方为工序的正常持续时间，括号内为每道工序的最短持续时间。

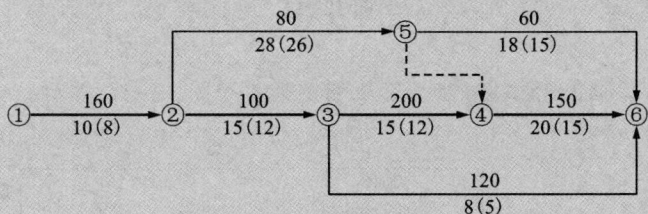

图 12-11

解：解题思路为把所有可能压缩的工作全部分阶段进行压缩，然后比较所有情况下的经济效益。

(1)先找出压缩工期后费用增加最少的工作进行压缩。

首次压缩,工作23压缩费用最省,但受工作25的影响,故第一次工作23只能压缩2天,如图12-12所示。

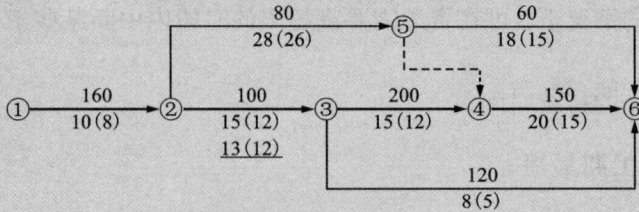

图12-12

(2)接下来,压缩工期费用最省的工作是工作46,但受工作25和工作56的影响,故此次工期只能压缩2天,如图12-13所示。

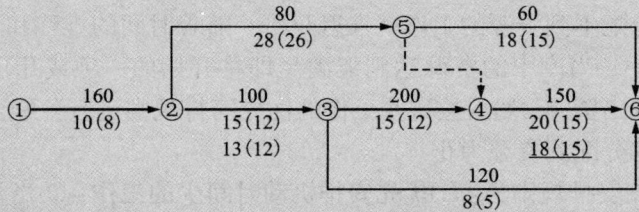

图12-13

(3)压缩工作12,可压缩2天,如图12-14所示。

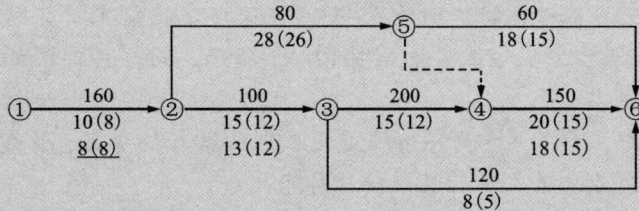

图12-14

(4)同时压缩工作23和工作25,可压缩1天,如图12-15所示。

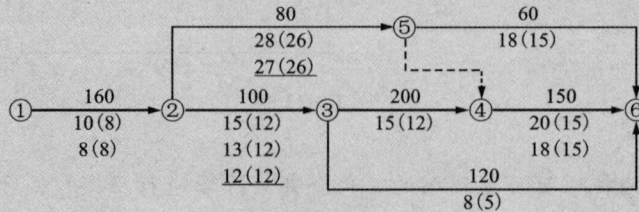

图12-15

（5）同时压缩工作46和工作56，可压缩3天，如图12-16所示。

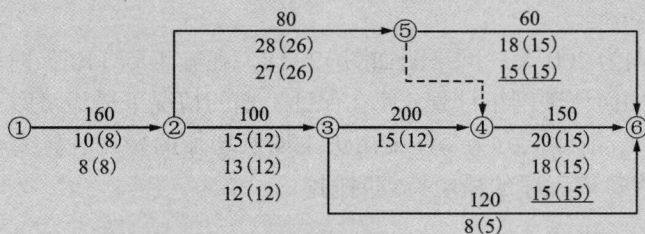

图 12-16

（6）同时压缩工作25和工作34，可压缩1天，如图12-17所示。

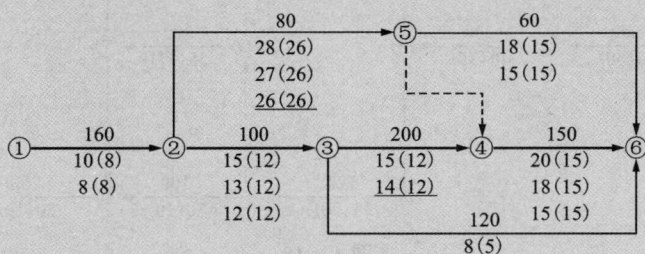

图 12-17

（7）剩下的工作已经无须压缩（压缩也不会影响总工期）。

（8）将每次压缩的效果汇总至表12-2。

表 12-2

序号	优化	工期/天	奖惩/元	压缩天数/天	压缩费用/元	总压缩费用/元	盈亏/元
1	不做调整	60	-1000	0	0	0	-1000
2	压缩工作23	58	-600	2	200	200	-800
3	压缩工作46	56	-200	2	300	500	-700
4	压缩工作12	54	200	2	320	820	-620
5	压缩工作23、工作25	53	400	1	180	1000	-600
6	压缩工作46、工作56	50	1000	3	630	1630	-630
7	压缩工作25、工作34	49	1200	1	280	1910	-710

（9）由表12-2可知，只优化前5步时施工单位经济效益最佳。

单元练习

某工程合同工期为 200 天。网络图如图 12-18。在施工到 110 天时，经检查发现工作 23 刚刚完成。问：如何调整网络计划，使在保证工期的情况下最经济？

提示：网络图中，箭线上方为每压缩 1 天工期所增加的费用，箭线下方为工序的正常持续时间，括号内为每道工序的最短持续时间。

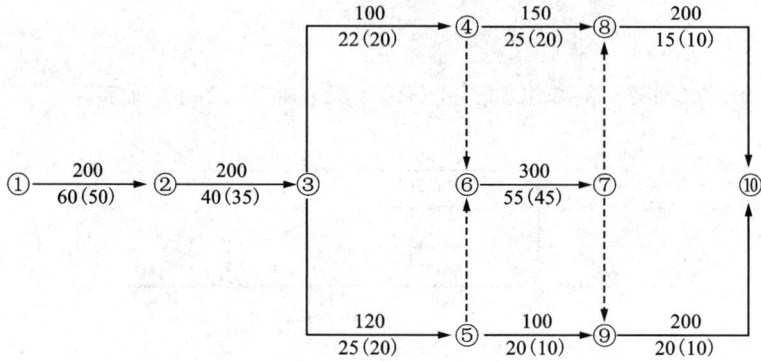

图 12-18

模块三·课后实训

班级：　　　　学号：　　　　姓名：　　　　日期：

实训目的	计算双代号网络图的节点时间参数和工作时差
实训项目	根据给定的双代号网络图，计算节点时间参数和工作时差
解题过程	

模块四 施工组织设计文件编制

公路建设项目有总体施工组织设计文件，单位工程有单位工程施工组织设计文件，分部工程有分部工程施工组织设计文件，分项工程有分项工程施工组织设计文件，这些施工组织设计文件没有固定的格式，但组成内容大致相同。

一般来说，施工组织设计文件的内容主要包括五个部分：工程概况、施工部署及施工方案、施工进度计划、施工平面图、主要技术经济指标。

(1)工程概况

1)工程的性质、规模、建设地点、结构特点、建设期限、合同条件。

2)地区地形、地质、水文和气象情况。

3)施工力量，如劳动力、机具、材料、构件等资源供应情况。

4)施工环境及施工条件等。

(2)施工部署及施工方案

1)根据工程概况，结合人力、材料、机械设备、资金、施工方法等条件，全面部署施工任务，合理安排施工顺序，确定主要工程的施工方案。

2)对拟建工程可能采用的几个施工方案进行定性、定量分析，通过技术经济评价，选择最佳方案。

(3)施工进度计划

1)施工进度计划反映了最佳施工方案在时间上的安排，采用计划的形式，使工期、成本、资源等方面，通过计算和调整达到优化配置，符合项目目标的要求。

2)使工序有序进行，使工期、成本、资源等通过优化调整达到既定目标，并在此基础上编制相应的人力和时间安排计划、资源需求计划和施工准备计划。

(4)施工平面图

施工平面图是施工方案及施工进度计划在空间上的全面安排，即把投入的各种材料、构件、机械设备、道路、水电供应、生产生活场地及各种临时工程设施合理地布置在施工现场，使整个现场能够有组织地进行文明施工。

(5)主要技术经济指标

技术经济指标用来衡量组织施工的水平，可以对施工组织设计文件的技术经济效益进行全面评价。

单元 13   施工组织设计编制步骤

任务引入

施工组织设计,可以有两种理解:一是指施工组织设计的过程,即对施工进行相关安排;二是指施工组织的结果,即施工组织设计文件。

13.1   施工组织设计编制前期工作

1. 施工组织设计编制依据

1)法律、法规及当地相关文件。
2)工程承发包合同、协议、各类纪要。
3)国家或建设单位对建设项目的修建要求。
4)施工设计文件及工程数量,设计文件鉴定或审查意见。
5)施工调查资料。
6)施工队伍的编制、技术工种专业化程度、机械设备情况。
7)指导性、综合性施工组织设计和投标施工组织设计。
8)各类定额。

2. 施工调查资料

(1)气象、地质、水文资料
1)当地气温、季风、雨量、积雪、冻深等气象资料。
2)地质资料通常由设计文件提供。承包人有条件时也可对地质情况作补充钻探。其内容主要包括:钻孔布置图、地质剖面图、土壤物理力学性质等。
3)收集由所在地水文地质部门提供的地质构造、地震等级、地下水位、水量、水质等资料。
(2)技术经济情况
1)施工现场附近可以利用的场地,可供租用的房屋情况。
2)工程所需的外购材料,应详细调查其规格、单价、供应地点、可供应量、运输情况等;自采材料应调查其位置、储量和运距等。
3)自办运输和当地可提供的运输能力状况,道路使用情况以及运费及当地运输费用标准。
4)粮食、煤、辅食供应地点。

（3）供水、供电和通信情况

了解施工用水源、供水量、水压、输水管长度；供电线路的电容量、电压、可供施工用的电量和接线位置，对临时供电线路和变电设备的要求等。

13.2 施工组织设计编制程序

编制施工组织设计要遵守一定的程序，应当按照施工的客观规律，处理好各个影响因素的关系，运用科学的方法进行编制。其编制程序如图13-1所示。

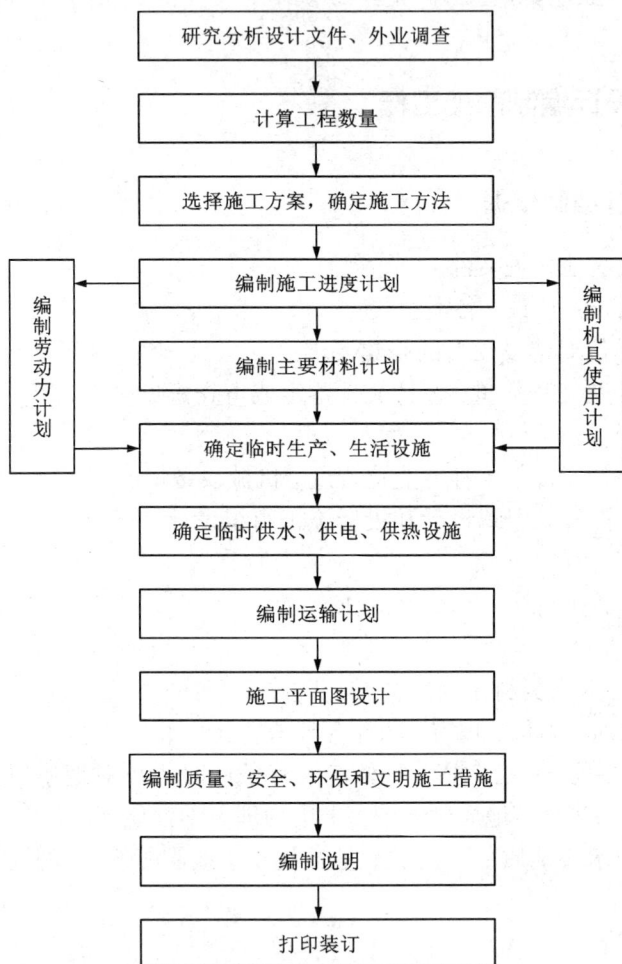

```
                ┌─────────────────────────┐
                │  研究分析设计文件、外业调查  │
                └─────────────────────────┘
                           │
                ┌─────────────────────────┐
                │       计算工程数量        │
                └─────────────────────────┘
                           │
                ┌─────────────────────────┐
                │  选择施工方案，确定施工方法  │
                └─────────────────────────┘
                           │
  ┌──────┐    ┌─────────────────────────┐    ┌──────┐
  │      │←───│      编制施工进度计划       │───→│      │
  │ 编    │    └─────────────────────────┘    │ 编    │
  │ 制    │               │                  │ 制    │
  │ 劳    │    ┌─────────────────────────┐    │ 机    │
  │ 动    │    │      编制主要材料计划       │    │ 具    │
  │ 力    │    └─────────────────────────┘    │ 使    │
  │ 计    │               │                  │ 用    │
  │ 划    │←───┌─────────────────────────┐←───│ 计    │
  │      │    │   确定临时生产、生活设施    │    │ 划    │
  └──────┘    └─────────────────────────┘    └──────┘
                           │
                ┌─────────────────────────┐
                │  确定临时供水、供电、供热设施 │
                └─────────────────────────┘
                           │
                ┌─────────────────────────┐
                │       编制运输计划        │
                └─────────────────────────┘
                           │
                ┌─────────────────────────┐
                │       施工平面图设计       │
                └─────────────────────────┘
                           │
                ┌─────────────────────────┐
                │ 编制质量、安全、环保和文明施工措施 │
                └─────────────────────────┘
                           │
                ┌─────────────────────────┐
                │         编制说明         │
                └─────────────────────────┘
                           │
                ┌─────────────────────────┐
                │         打印装订         │
                └─────────────────────────┘
```

图13-1　施工组织设计的一般编制程序

1）分析设计资料，进行必要的调查。

2）计算工程数量。

3）选择施工方案，确定施工方法。

4）编制施工进度图。

5)计算人工、材料、机具需要量，制订供应计划。

6)制订临时工程的供水、供电、供热计划。

7)工地运输组织。

8)布置施工平面图。

9)编制技术措施计划、计算技术经济指标。

10)确定施工组织管理机构。

11)编制质量、安全、环保和文明施工措施。

12)编制说明。

13.3　施工组织设计基本原则

1)按基本建设程序组织施工，做到质量好、进度快、成本低。

2)结合公路施工实际情况安排施工顺序，合理安排施工工期，在保证质量的前提下，尽可能缩短工期，加快建设速度。

3)严格执行各类施工标准，确保工程质量和施工安全。

4)尽量应用先进的施工技术和设备，不断提高施工机械化程度。

5)根据各地区季节性气候特点，应用科学的计划方法制订合理的施工组织方案，进行施工安排，组织均衡性生产，落实季节性施工的措施，尽量做到全年不间断施工。

6)合理布置施工平面图，节约施工用地；充分利用已有设施，尽量减少临时性设施费用；减少物资运输量，尽量避免材料二次搬运，正确选择运输工具，提高经济效益。

13.4　施工组织设计的分类

施工组织设计特指由施工企业在开工前或施工过程中完成的计划文件。施工企业在开工前，以设计单位编制的施工组织设计为依据，结合施工单位的具体情况进行编制。按性质不同它可分为**指导性施工组织设计和实施性施工组织设计**。

1.指导性施工组织设计

1)编制说明。

①初步设计(或技术设计)审批意见的执行情况；②施工组织、工期，主要工程的施工方法、工期、进度及措施；③劳动力计划及主要施工机具的使用安排；④主要材料供应、运输方案及临时工程安排；⑤在缺水、风沙、高原、严寒等地区以及冬季、雨季施工所采取的措施；⑥对施工准备工作的意见(如征拆、修建便道、临时房屋、架设临时电力电信设施等)。

2)施工进度图(包括劳动力计划及安排)。

3)主要材料计划表(包括型号、规格及数量)。

4)主要施工机具、设备计划表。

5)临时工程表(包括通往工地、料场、仓库等的便道、便桥，以及电力、电信设施等)。

6)重点工程施工场地平面布置图应绘出仓库、工棚、便道、便桥、运输路线、构件预制场地、混凝土拌和场地、材料堆放场地等工程和生活设施的位置。

7）重点工程施工进度图。

2. 实施性施工组织设计

1）对设计阶段施工组织计划的内容、要求、表格等按照施工单位的具体情况进行计算与核对，根据施工要求将编制对象进一步细化：时间计划一般细化到月或旬，劳动组织方面可以班组为对象。

2）开工前准备工作。

3）在设计阶段编制的材料计划表的基础上，进一步编制材料供应图表。

4）运输组织计划。

5）附属企业及自办材料的开采和加工计划。

6）供水、供电、供热及供气计划。

7）实施性施工组织设计的技术组织措施计划。

8）重点工程施工进度图和施工平面布置。

9）设立相应的管理机构、制订管理制度：如项目部机构设置，施工安全、质量管理制度的制订等。

从以上内容可以看出，实施性施工组织设计与指导性施工组织总设计的内容十分接近，只是更偏重具体实施这一面。

单元 14　施工方案编制

任务引入

施工方案的优劣，在很大程度上决定了施工组织设计的质量。

14.1　施工方案编制原则

1）制订施工方案首先必须从实际出发。制定的施工方案在资源、技术上提出的要求应符合现场的实际情况，且应有实现的可能性。

2）按工期要求投入生产、交付使用，必须保证竣工时间符合工期要求。

3）在制订施工方案时应充分地考虑工程质量和施工安全，方案应完全符合技术操作规范和安全规程的要求。

4）在合同价控制下，尽量降低施工成本，从施工成本的直接费用和间接费用中找出节约的途径，采取措施减少非生产人员。

14.2　施工方案编制内容

施工方案包括的内容很多：如施工方法的确定、施工机具和设备的选择、施工顺序的安排、科学的施工组织、合理的施工进度、现场平面布置及各种技术措施等。

1）施工方法是施工方案的核心内容，具有决定性作用。施工方法是选择机具设备的基本依据。

2）施工机具和设备的选择是合理组织施工的关键，施工方法在技术上必须保证施工质量，提高劳动生产率，做到技术上先进，经济上合理。因此，施工机具和设备的好与坏很大程度上决定了施工方案的优劣。

3）施工组织是通过施工活动完成的，需要调动大量的施工材料、施工机械和劳动者，并且要把这些资源按照施工技术规律与组织规律，在空间上按照一定的位置，在时间上按照先后顺序，在数量上按照不同的比例，合理地组织起来。

4）施工顺序的安排是编制施工方案的重要内容之一，施工顺序安排得好，可以加快施工进度，减少人工和机械的停歇时间，并能充分利用工作面，避免施工干扰，达到均衡、连续施工，实现科学组织施工、降低施工成本。

5）施工应考虑多方面因素，应根据实际情况进行具体分析，应根据施工规律来确定施工顺序。

6）现场平面布置会影响施工材料二次搬运费用和施工机械移动费用。

7）技术措施是保证选择的施工方案可实施的措施。它包括加快施工进度、保证工程质量和施工安全、降低施工成本的各种技术措施。

14.3　选择施工方法的原则

1）选择的施工方法必须具备实现的可能性。

2）选择施工方法时应考虑对工期的影响，即保证合同工期。

3）选择施工方法时应比较多种可能方案的经济效益，力求降低成本。

4）选择的施工方法要能够保证施工质量和施工安全。

5）选择的施工方法应在技术上具有先进性，但要注意先进性与经济性相结合。

6）选择施工方法时，尽量采用机械化施工，以加快施工进度。在现代化的施工条件下，施工方法的确定，一般是施工机具、设备的选择和配备。

14.4　选择施工方法的依据

1. 以招标阶段竞标性施工组织设计为依据

1）招标书对施工方法的要求。

2）业主对施工项目的要求。

3）现场实地勘察资料及业主提供的设计资料。

4）施工方案中对施工方法的基本要求。

2. 以施工阶段的指导性或实施性施工组织总设计或设计为依据

1）双方已签订的合同中关于施工方法的选择约定。

2）施工图中标注的施工方法。

3）施工方案中确定的施工方法。

4）合同或业主的特殊要求。

单元 15   进度计划编制

任务引入

施工进度图简单易懂,有助于正确指导施工生产活动的顺利进行。

15.1   施工进度图的分类

施工进度图是对施工项目进行时间组织的成果,是控制施工进度、指挥施工活动的依据,是编制作业计划、物资供应计划、机具调度计划、资金使用计划等施工组织文件的依据。常用的施工进度图有横道图、垂直图、网络图等。

1. 按施工进度图的形式分

(1)横道图

横道图也叫水平图表,如图 15-1 所示。图 15-1 左边表示劳动量、工作日等;右面部分是进度图表,横道线的长度表示施工的期限,横道线所在的位置表示施工的内容,线上可以用数字标出劳动力或其他资源的需要数量。横道图的优点是简单、直观、易懂、容易编制,但有以下缺点。

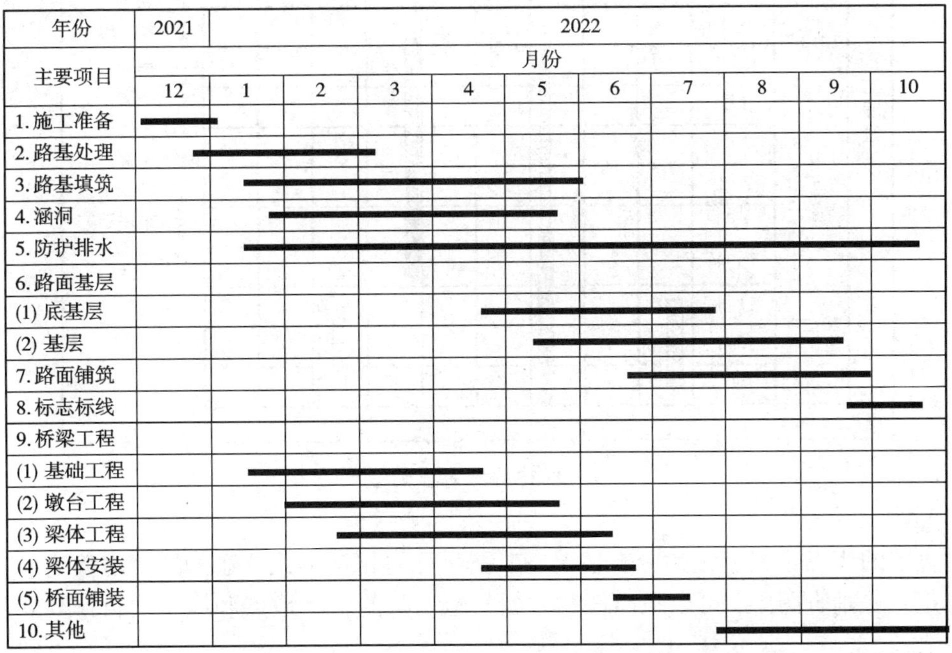

年份	2021	2022									
主要项目		月份									
	12	1	2	3	4	5	6	7	8	9	10
1.施工准备											
2.路基处理											
3.路基填筑											
4.涵洞											
5.防护排水											
6.路面基层											
(1)底基层											
(2)基层											
7.路面铺筑											
8.标志标线											
9.桥梁工程											
(1)基础工程											
(2)墩台工程											
(3)梁体工程											
(4)梁体安装											
(5)桥面铺装											
10.其他											

图 15-1   汀兰湖高速公路建设工程总体进度图

1）工程量的实际分布情况无法表示。

2）施工日期和施工地点的关系不明确，即什么日期在什么地点施工不明确。

3）不能表示各工程项目之间的衔接情况以及施工专业队之间的相互配合关系。

4）不能绘制对应施工项目的平面示意图。

（2）垂直图

垂直图也叫斜线图。其常用的格式如图 15-2 所示，以纵坐标表示施工日期，以横坐标表示里程或工程位置，用不同的线条或符号表示各项工程及其施工进度，资源平衡可在图表右侧以曲线表示。

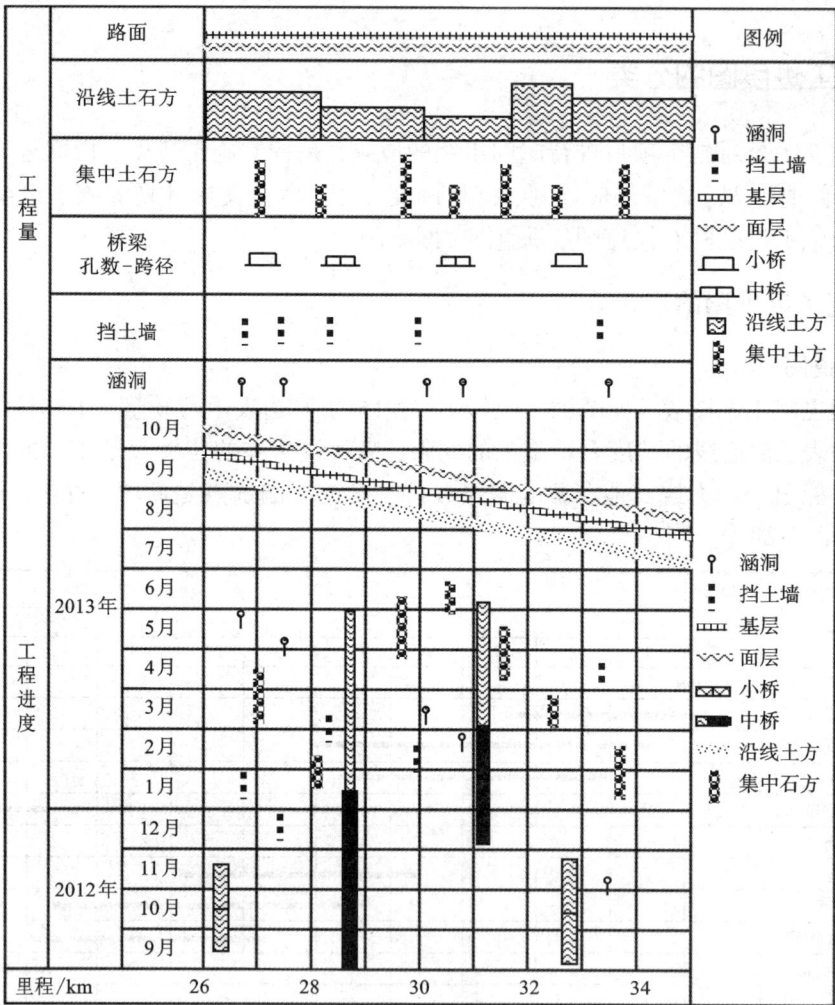

图 15-2　垂直图

垂直图的优点是工程量的分布情况、工程项目的相互关系、施工的紧凑程度、工期都十分清楚。从垂直图中，可以找出任意时刻各施工队的施工地点和施工项目，但也存在如下不足之处。

1）不能反映哪些工作是关键工作。

2）计划安排的优劣程度很难评价。

3）不能反映出某些工作的时差。

4）不能使用计算机，因而绘制和修改施工进度图的工作量很大。

（3）网络图

网络图也叫流程图。与横道图、垂直图相比，网络图最大优点是在计划的执行过程中可以很方便地根据当时的条件进行调整，保证工程施工的顺利进行，如时标网络图，能够更直观地表达工程进度。

2.按设计阶段分

1）工程概略施工进度图：主要用于初步设计时作为施工方案的组成文件。

2）施工进度图：主要用于施工图设计，是施工组织计划的组成文件。

3）实施性施工进度图：在施工准备阶段编制的，用以指导施工生产活动的依据。

3.进度计算

（1）根据工程量计算劳动量

工程量越大，需要花费的人力物力就越多，相应的劳动量就越大。每个人（或每台机械）的劳动效率有高有低，但总体水平可以用定额来衡量。

劳动量，即施工项目的工程量与相应时间定额的乘积，是实际投入的人数与施工项目的作业持续时间的乘积。人工操作时叫劳动量，机械操作时叫作业量。

时间定额可根据实际情况选用《公路工程估算指标》（JTG/T 3821—2018）、《公路工程概算定额》（JTG/T 3831—2018）、《公路工程预算定额》（JTG/T 3832—2018）、《公路工程机械台班费用定额》（JTG/T 3833—2018）及《公路工程施工定额测定与编制规程》（JTG/T 3811—2020），也可采用各施工单位自行制定的劳动定额。

劳动量可按式（15-1）计算：

$$D = Q \times S \tag{15-1}$$

式中：D 为劳动量（工日或台班）；Q 为工程量；S 为时间定额。

[例 15-1] 某系梁工程量见表 9-1，试计算其劳动量。

表 15-1

定额号	项目、定额或工料机的名称	单位	数量	时间定额
	基础工程	m³		
	系梁	m³		
4-6-4-4	地面以上系梁非泵送	10 m³ 实体	12.086	12.1 工日/10 m³ 实体
4-6-4-14	集中加工系梁钢筋	1 t	7.026	5 工日/t

解：系梁可分为系梁钢筋和系梁混凝土，故

$$D_{钢筋} = 12.086 \times 12.1/10 = 146.24（工日）$$

$$D_{混凝土} = 7.026 \times 5 = 35.13（工日）$$

---

(2)根据劳动量反算工期、人数(或机械数量)

除定额外,劳动量还可以用人员工作时间(机械工作台班)来表示劳动量。

1人工作8 h可视为工作一天,即1工日;1台机械工作8 h,可视为工作一天,即1台班(大部分情况下工作时间为8 h,还有6 h、7 h等)。此时,劳动量可按式(15-2)进行计算:

$$D = R \times T \qquad\qquad (15-2)$$

式中:D为劳动量(工日或台班);R为工作人数或台数;T为工作时间。

考虑到工地上可能实行两班作业或三班作业,劳动量计算公式应变为:

$$D = R \times T \times n \qquad\qquad (15-3)$$

式中:D为劳动量(工日或台班);R为工作人数或台数;T为工作时间;n为工作班制。

[例15-2] 某公路建设工程运输水泥,需要使用12 t载重汽车200台班,现项目部计划投入12 t载重汽车10辆,求水泥运输天数?如上述12 t载重汽车每天运输16 h,水泥实际运输天数为多少?

解:

$$运输天数\ T = \frac{劳动量\ D}{运输机械台数\ R} = \frac{200}{10} = 20(天)$$

$$实际天数\ T = \frac{劳动量\ D}{运输机械台数\ R \times 班制\ n} = \frac{200}{10 \times 2} = 10(天)$$

[例15-3] 某公路建设工程运输水泥,需要使用15 t载重汽车312台班,现项目部计划5天运完,求需要多少台15 t载重汽车?如上述载重汽车每天运输24 h,至少需要多少台15 t载重汽车?

解:

$$运输机械台数\ R = \frac{劳动量\ D}{运输天数\ T} = \frac{312}{5} = 62.4 = 63(台)$$

$$实际运输机械台数\ R = \frac{劳动量\ D}{运输天数\ T \times 班制\ n} = \frac{312}{5 \times 3} = 20.8 = 21(台)$$

[例15-4] 某公路挡土墙项目需用到片石180 m³,因运输不便只能采用人工开采。如安排15个人开采,多少天能完成?

解:至少需要9天,计算过程见表15-2。

$$天数\ T = \frac{劳动量\ D}{施工人员} = \frac{180 \times 68.5\ 工日 \times 100\ m^3}{15\ 人}$$

表15-2

工序	工程量/m³	定额号	时间定额	人员/个	工期/天
片石人工开采	180	8-1-6-1	68.5 工日/100 m³ 码方	15	9

[例 15-5] 某公路建设工程开工后施工准备、涵洞工程、防护工程、排水工程均采用人工施工方法,劳动量见表 15-3,施工安排见表 15-4。

问:1.试对以上工作进行人员安排(提示:答案不唯一)。

2.若路基填筑中 7 辆推土机(135 kW 以内履带式)为主导机械,施工机械台班数为 1708.32 台班,试绘制此 5 项工作的横道图。

表 15-3
单位:工日

分项工程	施工准备	涵洞工程	防护工程	排水工程
劳动量	500	挖基础 151 洞身 276 洞口 269	挖基础 7000 砌基础 2140 墙身 24500	浆砌片　石边沟 排水沟　截水沟 合计 8900

表 15-4

序号	分部分项工程名称	施工情况说明(每月按 25 天计)
1	施工准备	准备工作持续时间为 15 天
2	涵洞工程	持续时间不超过 3 个月
3	防护工程	持续时间不超过 6 个月
4	排水工程	持续时间不超过 6 个月

解:(1)人员安排,见表 15-5。

表 15-5

序号	分部分项工程名称	劳动量/工日	安排施工天数/天	人员安排/人	实际人数/人
1	施工准备	500	15	33.3	34
2	涵洞工程	挖基础 151	15	10.1	11
		洞身 276	28	9.9	10
		洞口 269	27	10	10
3	防护工程	挖基础 7000	30	233.3	234
		砌基础 2140	20	107	107
		墙身 24500	100	245	245
4	排水工程	浆砌水沟 A 2100	32	65.6	66
		浆砌水沟 B 4300	65	66.2	67
		浆砌水沟 C 2500	45	55.6	56

（2）路基填筑持续时间为 $T=1708.32\div 7=244$ 天，施工安排见表15-6。

表15-6

	1月	2月	3月	4月	5月	6月	7月	8月	9月	10月	11月	12月
施工准备	—											
路基填筑												
涵洞工程												
防护工程												
排水工程												

[例15-6]　某山区旅游公路 K0+000～K10+080 段主要工程量如下（表15-7）。

问：1.路基填筑中，施工单位应采用哪几种施工机械？假定施工单位在路基填筑中全部采用 75 kW 以内履带式推土机，则至少需要多少台 75 kW 以内履带式推土机？

2.路基填筑中，施工单位至少需要多少台 2.0 m³ 以内挖掘机？

表15-7

土方/天然方 m³				石方/天然方 m³	
推土机施工		挖掘机配合自卸汽车施工		机械施工配推土机	挖掘机装石配自卸汽车
普通土	硬土	普通土	硬土	软石	软石
48042	46871	28995	29332	267682	84693

解：（1）至少需要5台 75 kW 以内履带式推土机，计算过程见表15-8。

表15-8

序号	工序	工程量/天然方 m³	定额号	时间定额	台班	工期/天	机械台数/台
1	推土机施工普通土	48042	1-1-12-2	2.66 台班/1000 m³	127.79		
2	推土机施工硬土	46871	1-1-12-3	3.51 台班/1000 m³	164.52		
3	挖掘机施工普通土	28995	1-1-9-8	1.3 台班/1000 m³	37.69		
4	挖掘机施工硬土	29332	1-1-9-9	1.47 台班/1000 m³	43.12		
5	推土机施工软石	267682	1-1-12-25	2.73 台班/1000 m³	730.77		
6	合计				1103.89	250	5

（2）至少需要 3 台 2.0 m³ 以内挖掘机，计算过程见表 15-9。

表 15-9

序号	工序	工程量/天然方 m³	定额号	时间定额	台班	工期/天	机械台数/台
1	挖掘机挖装普通土	28995	1-1-9-8	1.3 台班/1000 m³	37.69		
2	挖掘机挖装硬土	29332	1-1-9-9	1.47 台班/1000 m³	43.12		
3	挖掘机装软石	267682	1-1-9-13	1.6 台班/1000 m³	428.29		
4	合计				509.1	250	3

15.2 编制施工进度图的步骤

1. 确定施工方法

确定施工方法时，首先应考虑工程特点、施工环境等因素，选择先进、合理、经济的施工方法，从而达到降低工程成本的预期效果。

1）石方挖方：路基施工的主要特点是石方开挖量大，约占总挖方的 70% 以上，其中又以弱风化花岗岩居多。其对应施工方法为采用进口大型凿岩机打岩，采取松动爆破方法，严格控制装药量，确保施工安全。

2）土方挖方：采用挖掘机配合自卸汽车，或者推土机、装载机配合自卸汽车运土。

3）填方路基：按技术规范要求清理场地后，当地面横坡不大于 1∶10 时，直接填筑路堤；采用推土机配合平地机摊土、石，严格掌握松铺厚度，按工艺要求充分碾压，土、石材料分层填筑、分段使用。对于地面横坡大于 1∶10 的路段，可采取翻松或挖土质台阶的方法。

4）路面基层施工：采用路拌法或集中厂拌法，在下承层检查合格后，用摊铺机配合平地机摊平。初压后，用振动式压路机压实。

5）路面面层施工：第一步，首先作好沥青混凝土的配合比试验，即在准备好的基层上喷洒透油层，将合格的热拌混合料，用自卸汽车运到摊铺路段，用摊铺机整幅摊铺；第二步，碾压，即用 8 t 轻型压路机初压两遍，再用 12~15 t 压路机压四遍，最后用 6~8 t 轻型压路机压实。

2. 选择施工组织方法

根据具体的施工条件选择合理的施工组织方法，是编制施工进度图的关键。有些工程技术复杂、工程量大，还可以考虑采用平行流水作业法、立体交叉流水作业法等；有些工程工程量小、工作面窄小、工期较长，可以采用顺序作业法。

3. 划分施工项目

施工方法确定后，就可以划分施工项目。每项工程都是由若干个相互关联的施工项目组成的，如桥梁工程由施工准备、基础工程、下部工程、上部工程、桥面系、引道工程等施工项目组成。施工项目划分的粗细程度，与施工进度图的阶段有关。一般按所采用的定额的细目或子目来划分。

划分施工项目时，必须明确主导施工项目。在公路工程中，高级路面、集中土石方、特殊路基、大桥、中桥等一般都是主导施工项目。

4. 排序

排序即列项，指按照客观的施工规律和合理的施工顺序，将所划分的施工项目进行排序，如施工准备、路基处理、路基填筑、涵洞、防护及排水、路面基层、路面铺筑等。路面基层施工项目必须放在路基填筑、涵洞施工项目的后面。

5. 划分施工段并找出最优施工次序

设计阶段的施工进度图，一般不明确划分施工段。在实施性施工进度中，如果组织流水作业，就应该划分施工段，并尽可能根据约翰逊－贝尔曼法则找出最优或次优施工次序，并在施工进度图中标示出来。

6. 计算工程量与劳动量

划分完施工项目并排好序后，计算各个施工项目的工程量并将其填入相应表格。工程量的单位，应与所采用的定额单位一致。当施工段组织流水作业时，必须分段计算工程量。

7. 计算各施工项目的作业持续时间

计算过程中应结合实际的施工条件认真考虑以下几点：
1）各施工项目均应按操作程序进行。
2）保证工作面和劳动人数为最佳施工组合。
3）相邻施工项目之间应有良好的衔接和配合，互不影响工程进度。
4）保证施工安全和工程质量。

8. 初步拟定工程进度

拟定工程进度时，应特别注意人工的均衡使用。施工开始后，人工数量应逐渐增加，然后在较长时间内保持稳定，接近完工时应逐渐减少；另外，还应保证材料、机械的均衡使用。初拟方案不能满足规定工期要求或超过物资资源供应量时，应对工程进度进行调整。

9. 检查和调整施工进度计划

无论采用流水作业法还是网络计划法组织施工，都要在初拟方案的基础上通过优化调整，最后得到施工进度图。在优化过程中应重点检查的内容有：

（1）施工工期

施工进度计划的工期应满足合同工期。

（2）施工顺序

检查施工项目的施工顺序是否合理，相邻施工项目之间衔接是否良好。

（3）劳动力等资源的消耗是否均衡

劳动力需要量图反映了施工期间劳动力的动态变化，是衡量施工组织设计合理性的重要标志。不同的工程进度安排，劳动力需要量图会呈现不同的形状，一般可归纳为如图 15-3 所示的三种典型图式。图 15-3(a) 出现短暂的劳动力高峰，图 15-3(b) 劳动力需要量为锯齿波动形，这两种情况都不便于施工管理并增大了临时生活设施的规模，应尽量避免；图 15-3(c) 在一个较长时间内劳动力保持均衡，符合施工规律，是理想的状况。

劳动力消耗的均衡性，用劳动力不均衡系数 K 表示。劳动力不均衡系数应大于或等于 1，越接近于 1 越合理，一般不允许超过 1.5。其值按式(15-4)计算：

$$K = R_{\max}/R_{平均} \qquad (15-4)$$

式中：$R_{\max}$ 为施工期间人数最高峰值；$R_{平均}$ 为施工期间加权平均人数，即总劳动量/计划总工期。

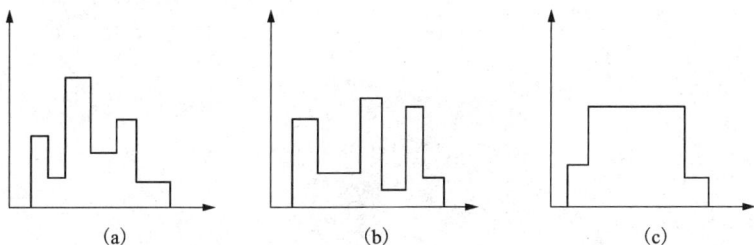

图 15-3　劳动力需要量图

针对出现的问题，采取有效的技术措施和组织措施，使全部施工在技术上协调，在人工、材料、机具的需要量上均衡，力争达到最优的状态。调整结束后，采用恰当的形式绘制施工进度图。

15.3　注意事项

1）安排工程进度时，应扣除法定节假日，并预估因气候或其他原因产生的停工时间。合同签订的施工工期减去这些必要的停工时间之后，才是实际可作安排的施工作业时间。

2）注意施工的季节性，如桥梁的基础施工应避开洪水期，沥青路面和水泥混凝土路面应避免在冬季施工等。

3）公路工程是野外施工，影响施工的因素很多，故安排工程进度时应留有余地、以便调整。

4）各种施工间歇时间(技术间歇时间、组织间歇时间等)，由于不消耗资源，往往容易被忽视。采用网络计划法组织施工时，可以将间歇时间作为一条箭线处理(不消耗资源，但消耗时间,故为实箭线)。

5)在对初步方案进行优化时,注意外购材料和各种设备分批到达工地的合同日期,避免分项工程开工却无材料、设备可用的情况。

6)编制前必须进行现场调查;编制时要根据现场的条件进行编制。

单元 16　资源需求量计划编制

　　施工进度图简单易懂，有助于统筹全局，正确指导施工生产活动的顺利进行。施工进度计划确定以后，所有分项工程的开工时间都将被确定下来。为保证各分项工程的顺利开工，各种资源都需要在开工前准备好。这些资源准备得太少施工无法进行，准备得太多又会带来资金压力，所以，工程人员需要在开工前做好各种资源的需求量计划。

16.1　劳动力需求量计划

　　如果施工进度计划已确定，就可计算出各个施工项目每天所需的人工数，将同一时间内所有施工项目的人工数累加，即可绘出劳动力需求量图。根据劳动力需求量图，可以编制劳动力需要量计划，见表 16-1。

表 16-1　劳动力需求量计划表

序号	工种名称	总人数/人	需要人数与时间										备注
			年					年					
			一季度	二季度	三季度	四季度	合计	一季度	二季度	三季度	四季度	合计	
1													
2													
3													
4													

16.2　主要材料计划

　　主要材料需要量计划包括施工需要的材料、构件和半成品等的名称、规格、数量以及来源和运输方式等内容，是运输组织和布置工地仓库的依据。主要材料应包括：钢材、木材、水泥等公路施工中用量大的材料。特殊工程使用的土工织物、外掺剂等也应列入主要材料计划。

　　主要材料计划的编制过程与劳动力需求量计划相同，一般按年度、季度编制，见表 16-2。

表 16-2　主要材料计划表

序号	材料名称及规格	总人数	数量	来源	运输方式	年度、季度需要量										备注
						年					年					
						一季度	二季度	三季度	四季度	合计	一季度	二季度	三季度	四季度	合计	
1																
2																
3																

16.3　主要施工机具、设备计划

在确定施工方法时，应考虑施工机具、设备需求。为做好机具、设备的供应工作，在工程进度确定之后，应将每个施工项目采用的机械名称、规格和需要数量及使用的日期等进行综合汇总，编制成主要施工机具、设备计划表，见表 16-3。

资源需要量计划是根据施工进度图编制的，而资源需要量的均衡性又反映了工程进度的合理性。因此，上述劳动力、材料等的需要量计划，在实际工程中是结合施工进度图的编制过程同时进行的。

表 16-3　施工机具、设备计划表

序号	机具名称及规格	台班数	开始时间	完成时间	年度、季度需要量																备注
					年									年							
					一季度		二季度		三季度		四季度		合计		一季度		二季度		三季度		四季度		合计	
					台班	台数	台班	台数	台班	台数	台班	台数	台班	台数	台班	台数	台班	台数	台班	台数	台班	台数	台班	台数	
1																						
2																						
3																						

16.4　技术组织措施计划

为保证工程质量、提高劳动生产率等所采取的措施即为技术组织措施计划。尤其是采用新材料、新工艺的工程及技术复杂的工程等。其表格形式见表 16-4。

表 16-4　技术组织措施计划表

措施名称及内容提要	经济效益/元	计划依据	负责人	完成日期

单元 17　施工平面图布置

任务引入

　　施工平面图是施工过程空间组织的具体成果。施工平面图表达了施工期间各项临时设施、管理机构、永久性建筑之间的空间关系。

17.1　施工平面图布置的原则

　　1)在保证顺利施工的前提下,充分利用原有地形,少占农田,降低工程成本。

　　2)充分考虑水文、地质、气象等自然条件的影响。

　　3)生产作业区的区域布置及其设施,如大桥工程中所有轨道、吊车等的布置,应以方便使用为目的。

　　4)辅助生产区域的布置和设施,应方便施工操作,在内部要满足工艺流程的需要,如公路建设过程中,预制厂的选址就必须认真考虑,既要靠近现有交通线,又要靠近施工现场,以便砂石等材料进场,以及减少预制构件运输费用,降低施工成本。

　　5)场内运输形式的选择及运输线路的布设,应减少物资的运输量和起重量,减少二次搬运和运输距离。

　　6)施工管理机构的位置必须有利于全面指挥和管理施工现场。

　　7)生活区的布置及其设施,必须方便职工生活,利于休息,且与施工现场互不干扰。

　　8)施工平面图布置必须符合安全生产、文明生产的规定。

17.2　施工平面图布置的依据

　　1)工程地形图。

　　2)施工进度图和施工组织计划图表。

　　3)施工组织调查资料。

　　4)各类临时设施的性质、型号、占地面积等。

　　5)设计图纸。

　　6)其他有关资料。

17.3 施工总平面图

1. 施工总平面图的内容

1）拟建公路工程的主要施工项目，如路线及里程；大中桥、隧道、集中土石方、交叉口、特殊路基等重点工程的位置；公路养护、运营管理使用的永久性建筑，如加油站、高速公路收费站、服务区等。

2）为工程施工服务的临时设施及其位置，如采石场、采砂场、便道、便桥、仓库、混凝土拌和基地、沥青混合料拌和基地、生活用房屋等。

3）工地附近与施工有关的永久性建筑设施，如已有公路、铁路、车站、码头、居民点、地方政府所在地等。

4）施工管理机构，如施工现场指挥部、监理机构、施工队等。

5）重要地形、地物，如河流、山峰、文物、自然保护区、高压铁塔、重要通信线等。

6）其他与施工有关的内容，如地质不良地段，国家测量标志，气象台，水文站，防洪、防火、安全设施等

2. 施工总平面图的形式

施工总平面图可用两种形式表示：一种是根据公路路线的实际走向按适当的比例绘制；另一种是将公路路线绘成水平直线，将图中各点的平面位置以路中线为基准做相对移动，这种图纵横比例可以不同，一般用于斜条式施工进度图中。

[例17-1] 背景资料：某山区高速公路，有一座18 m×40 m先简支后连续T形预应力混凝土梁桥，北岸桥头距隧道出口40 m，南岸桥头连接线挖方路堑，挖方段长约1 km，大桥立面布置示意图如图17-1所示。

问：根据图17-1所示地形，T梁预制场应设置在A、B、C哪一处比较合适？并说明理由。

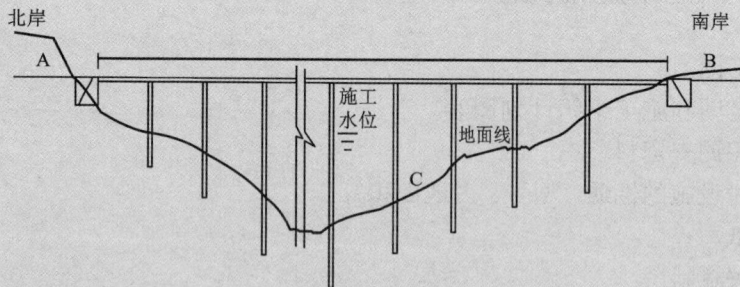

图17-1 大桥立面布置示意图

解：T梁预制场设置在B处（南岸路基上）合适。

因为A离隧道出口过近，在此处设置预制场会影响隧道洞口施工，因此不能在此处建设预制场；C位于桥下河床段，受施工水位影响，不适合作预制场地；B位于浅挖方路堑地段，不影响附近施工，是设置T梁预制场的合适位置。

17.4　重点工程施工场地平面图

重点工程是指公路立交枢纽、集中土石方、大中桥、隧道等施工技术复杂或施工条件困难的重点工程地段。

由于施工总平面图的范围很大，需要用较大比例尺绘制施工场地平面图。绘制这类施工平面布置图，可以参考设计文件中的地形图。对于原有的地物，特别是已有公路、铁路、车站、码头、居民点、学校等应适当绘出；与施工密切相关的资料，也均应在图上注明，如洪水位线，地下水出入处，供电、供水、供热管线等。

[例17-2]　某高速公路项目某大桥桥宽26 m，与路基同宽，桥长1216 m，两岸接线各500 m，地势较为平坦。桥梁跨径为12 m×30 m+6 m×40 m+20 m×30 m，为先简支后连续预应力混凝土T梁结构，每跨布置T梁14片。

其中：30 m预应力T形梁梁高180 cm、底宽40 cm、顶宽160 cm，40 m预应力T梁梁高240 cm、底宽50 cm、顶宽160 cm。

T梁预制、安装工期均按8个月计算，预制、安装存在时间差，按1个月考虑。根据施工经验估计，每片梁预制周期按10天计算。

若为该桥建一座预制场，至少需要多大面积？

图17-2　预制场平面布置图

解：(1)预制底座计算。

预制30 m预应力T梁数量：(12+20)×14=448(片)

预制40 m预应力T梁数量：6×14=84(片)

因T梁预制、安装工期为8个月，每片梁预制需用10天时间，因此需要底座数量为：

$$30 \text{ m T 梁底座：} 448×10÷8÷30=18.7≈19(个)$$
$$40 \text{ m T 梁底座：} 84×10÷8÷30=3.5≈4(个)$$

说明：本案例按一个月工作30天计，实际工作中可根据施工要求、项目具体情况预估每月工作天数。

底座面积：19×(30+2)×(1.6+1)+4×(40+2)×(1.6+1)=2017.6(m²)

说明：每片预制底座面积按梁长+2 m，梁宽+1 m来计算。

(2)预制场宽度计算。

桥梁两端地势较为平坦，可作为预制场。因此考虑就近建设预制场。考虑到运梁及安装，底座方向应顺桥向布置，每排4个，净间距2.5 m，排列宽度则为：

$$4\times2.6+3\times2.5=17.9(m)$$

根据工程情况，桥宽为 26 m，则预制场宽度最少可考虑 26 m。

（3）预制场长度计算。

存梁区长度按实际情况及经验值考虑 80 m，则预制及存梁区长度合计为：

$$32\times5+42+7\times2.5+80=299.5(m)\approx300(m)$$

其中，32 m 为 30 m T 梁底座长度，每排 4 个，顺桥向布置 5 排，30 m T 梁共布置 20 个底座。42 m 为 40 m T 梁底座长度，每排 4 个，顺桥向布置 1 排。每排底座间距 2.5 m。80 m 为存梁区长度。

（4）预制场面积计算。

考虑到拌和、堆料、加工、仓库、办公、生活等需要，预制场地长度范围可再增加 200 m 左右（工程中可根据实际情况及施工需求增减长度）。

因此，预制场面积为：

$$26\times(300+200)=13000(m^2)$$

总结：预制场除保证完成预制件外，还应考虑运距、场地大小等因素。场地大小需要综合考虑预制量、存梁量和进度；同时还应符合安全生产、合同约定和其他相关规定所给出的最小面积要求。

17.5 其他施工场地平面图

某些工程项目，不属于复杂工程，但工期长，施工范围大，管理工作量大，有必要绘制其施工平面图，这类工程有：

1）沿线砂石料厂。

2）大型附属企业，如水泥混凝土构件预制厂、沥青混合料拌和基地等。

3）临时供水、供电、供热基地及管线分布平面图。

[例 17-3]　某 K8+000~K9+800 段路基主要工程量见表 17-1。

表 17-1

桩号	挖方/m³		填方/m³	备注
	土	石		
K8+000~K8+800	15000	5000	0	挖方中含有机土 1000 m³
K8+800~K9+100	2000	0	2000	道路左侧 20~80 m 范围有一滑坡体
K9+100~K9+800	0	0	24000	—

问：指出图 17-3 中临时设施和临时工程布置的不妥之处，并说明理由。

解：不妥之处为将临时场地和施工便道布置在滑坡体附近。

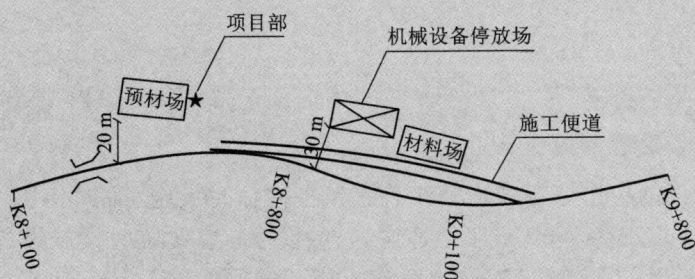

图 17-3　平面布置示意图

　　施工场地平面布置图没有固定的模式，必须因地制宜，充分收集资料，针对工程特点反复优化，才能编制出切实可行的施工场地平面布置图。

单元 18 工地运输与临时设施

公路工程开工前应作好各项准备工作，如各种临时设施(临时道路、临时供水、供电、通信、工棚、办公室、仓库、工地运输等)的设计。各种临时设施设计是施工平面图设计中的一部分，除了应确定各临时设施的相互位置外，还应确定各个临时设施的容量、面积等。

18.1 工地运输设计

工地运输设计应解决的问题有：确定运输量、选择运输方式、计算运输工具数量等。

1. 确定运输量

工地需要运输的物资有：建筑材料、构件、半成品、机械设备、施工生活用品等。其运输量可用式(18-1)计算：

$$q = \frac{\sum Q_i \times L_i}{T} \times K \tag{18-1}$$

式中：q 为每日运输量，t·km(吨·千米)；Q_i 为各种物资的年度或季度需要量；L_i 为运输距离，km；T 为工程年度或季度计划运输天数；K 为运输工作不均衡系数，公路运输取1.2，铁路运输取1.5。

2. 选择运输方式

目前工地运输的方式有：铁路运输、公路运输、水路运输和特种运输(索道、管道)等。选择运输方式，需要考虑各种影响因素，如运输量、运距、运输条件、地形等。

一般情况下，当货运量较大、运距远时，宜采用铁路运输；运距短、地形复杂、坡度较陡时，宜采用汽车或当地的拖拉机运输。当有多种运输方式可供选择时，应比较后再确定。

3. 计算运输工具数量

运输方式确定后，需要计算运输工具的数量。运输工具数量可用式(18-2)计算：

$$M = \frac{Q \times K_1}{q \times T \times N \times K_2} \tag{18-2}$$

式中：M 为所需的运输工具台数；Q 为年度或季度最大运输量，t；K_1 为运输不均衡系数，场外运输一般采用1.2，场内运输一般采用1.1；T 为工程年度或季度的工作天数；K_2 为运输工具供应系数,一般采用 0.9;q 为汽车台班产量,t/台班,根据运距按定额确定;N 为每日的工作班数。

18.2 临时设施设计

1. 工地加工场地设计

工地临时加工场地设计的任务主要是确定建筑面积和结构形式。工地临时加工场地(站、场等)的建筑面积,通常参照有关资料或按经验确定,也可用以下公式计算。

1)钢筋混凝土构件预制厂、木工房、钢筋加工间等的场地或建筑面积用式(18-3)计算:

$$F = \frac{K \times Q}{T \times S \times \alpha} \tag{18-3}$$

式中:F 为所需建筑面积,m²;Q 为加工总量,t 等;K 为不均衡系数,取 1.3~1.5;T 为加工总工期,月;S 为每平方米场地的月平均产量;α 为场地或建筑面积利用系数,取 0.6~0.7。

2)水泥混凝土搅拌站面积用式(18-4)计算:

$$F = N \times A \tag{18-4}$$

式中:F 为搅拌站面积,m²;A 为每台搅拌机所需的面积,m²;N 为搅拌机台数,台。按式(18-5)计算:

$$N = \frac{Q \times K}{T \times R} \tag{18-5}$$

式中:Q 为混凝土总需要量,m³;T 为混凝土工程施工总工期;K 为不均衡系数,取 1.5;R 为混凝土搅拌机台班产量。

大型沥青混凝土拌和设备的场地面积,可根据设备说明书的要求确定。上述建筑场地的结构形式应根据当地条件和使用期限而定。

2. 临时仓库设计

工地临时仓库分为转运仓库、中心仓库和现场仓库等,其施工组织的任务是确定材料储备量和仓库面积、选择仓库位置和进行仓库设计等。

1)**确定材料储备量**:材料储备量既要保证连续施工的需要,又要避免材料积压。对于场地窄小、运输方便的现场可少储存;对供应不易保证、运输困难、受季节影响大的材料可多储存些。对常用材料,如砂、石、水泥、钢材、木材等的储备量可用式(18-6)计算:

$$P = T_e \times \frac{Q_i \times K}{T} \tag{18-6}$$

式中:P 为材料储备量,m、t 等;T_e 为储备期,天,按材料来源确定,一般不小于 10 天,即保证 10 天的需要量;Q_i 为材料、半成品等的总需要量;K 为材料使用不均匀系数,取 1.2~1.5;T 为有关施工项目的总工期。

对于不经常使用或储备期长的材料,可按年度需要量的百分比进行储备。

2)**确定仓库面积**：一般的仓库面积可用式(18-7)计算：

$$F = T_e \times \frac{P}{q \times K} \qquad (18-7)$$

式中：F 为仓库总面积，m^2；P 为仓库材料储备量，由式(18-6)确定；q 为每平方米仓库面积能存放的材料数量；K 为仓库面积利用系数(考虑人行道和车道所占面积)，一般为 0.5~0.8。

特殊材料，如爆炸品、易燃或易腐蚀品的仓库面积，按有关安全要求确定。

在设计仓库时，除满足仓库总面积外，还要确定仓库的平面尺寸。仓库的长度应满足装卸要求，宽度要考虑材料存放方式和仓库结构形式。

3. 行政、生活临时建筑设计

此类临时建筑的建筑面积主要取决于建筑工地的人数，包括职工和家属人数。建筑面积用式(18-8)计算：

$$S = N \times P \qquad (18-8)$$

式中：S 为建筑面积，m^2；N 为工地人数；P 为建筑面积指标，见表18-1。

做施工组织设计时，应尽量利用工地附近的现有建筑物，或提前修建能利用的永久房屋，如道班房、加油站等，不足部分再修建临时建筑。临时建筑按节约、适用、拆装方便的原则设计，其结构形式根据当地气候、材料来源和工期长短确定。

表 18-1 行政、生活临时建筑面积指标(m^2/人)

序号	场所名称	面积定额/m^2	说明
1	办公室	2.1~2.5	
2	宿舍	3.0~3.5	
3	食堂	0.7	
4	卫生所	0.06	
5	浴室及理发室	0.1	
6	招待所	0.06	包括家属招待所
7	会议及娱乐室	0.14	
8	商店	0.07	
9	锅炉房	10~40	指总面积

4. 工地临时供水、供电、供热设计

工地临时供水、供电、供热应解决的主要问题有用量、供应来源等。

（1）工地临时供水

1）施工工程用水。

$$q_1 = K_1 \sum \frac{Q_1 \times N_1}{T_1 \times b} \times \frac{K_2}{8 \times 3600} \qquad (18-9)$$

式中：q_1 为施工用水量，L/s；K_1 为未预见的施工用水系数，$K_1 = 1.05 \sim 1.15$；Q 为年度或季度工程量（以实物计量单位表示）；N_1 为施工用水定额，见表 18-2；T_1 为年度或季度有效作业日；b 为每天工作班数；K_2 为施工用水不均衡系数，见表 18-3。

表 18-2　施工用水定额表

序号	用水对象	单位	耗水量/L	备注
1	浇筑混凝土全部用水	m³	1700~2400	
2	搅拌混凝土	m³	250~350	
3	混凝土养生	m³	200~700	
4	湿润、冲洗模板	m³	5~15	
5	洗石子、砂	m³	600~1000	
6	砌砖工程全部用水	m³	150~250	
7	砌石工程全部用水	m³	50~80	
8	搅拌砂浆	m³	300	
9	抹灰	m²	4~6	不包括调制用水
10	素土路面、路基	m²	0.2~0.3	
11	消化生石灰	t	3000	
12	浇砖	千块	500	

表 18-3　施工用水不均衡系数表

K 号	用水名称	系数
K_2	施工工程用水	1.5
	生产企业用水	1.25
K_3	施工机械、运输机具	2
	动力设备	1.05~1.10
K_4	施工现场生活用水	1.30~1.50
K_5	居住区生活用水	2.00~2.50

2）施工机械用水。

$$q_2 = K_1 \sum Q_2 \times N_2 \times \frac{K_3}{8 \times 3600} \tag{18-10}$$

式中：q_2 为施工机械用水量，L/s；K_1 为未预见的施工用水系数，$K_1 = 1.05 \sim 1.15$；Q_2 为同一种机械台数，台；N_2 为施工机械用水定额，见表 18-4；K_3 为施工机械用水不均衡系数，见表 18-3。

表 18-4   施工机械用水定额表

序号	机械名称	单位	耗水量	备注
1	内燃挖掘机	L/台班·m³	200~300	以斗容量 m³ 计
2	内燃起重机	L/台班·t	15~18	以起重吨数计
3	蒸汽打桩机	L/台班·t	1000~1200	以锤重吨数计
4	内燃压路机	L/台班·t	12~15	以压路机吨数计
5	拖拉机	L/昼夜·台	200~300	
6	汽车	L/昼夜·台	400~700	
7	空气压缩机	L/台班·(m³/min)	40~80	以压缩空气排量计
8	内燃动力装置	L/台班·kW	160~480	直流水
9	内燃动力装置	L/台班·kW	35~55	循环水
10	锅炉	L/h·t	1000	以小时蒸发量计
11	锅炉	L/h·m²	15~30	以受热面积计
12	电焊机	L/h	100~350	
13	对焊机	L/h	300	
14	冷拔机	L/h	300	
15	凿岩机	L/min	8~12	

3）施工现场生活用水。

$$q_3 = \frac{P_1 \times N_3 \times K_4}{8 \times 3600} \times b \qquad (18-11)$$

式中：q_3 为施工现场生活用水量，L/s；P_1 为施工现场高峰人数，人；N_3 为施工现场生活用水定额，一般为 20~60 L/人·班；b 为每天工作班数；K_4 为施工用水不均衡系数，见表 18-3。

4）生活区生活用水。

$$q_4 = \frac{P_2 \times N_4 \times K_5}{24 \times 3600} \qquad (18-12)$$

式中：q_4 为生活区生活用水量，L/s；N_4 为生活区生活用水定额，见表 18-5；P_2 为生活区居住人数，人；K_5 为施工用水不均衡系数，见表 18-3。

表 18-5   生活区用水量参考定额表

序号	用水项目	单位	耗水量	备注
1	生活用水	L/人·日	20~30	盥洗、饮用
2	食堂	L/人·日	15~20	
3	淋浴	L/人·次	50	淋浴人数按出勤人数的30%计

续表18-5

序号	用水项目	单位	耗水量	备注
4	洗衣	L/人·次	30~35	
5	理发室	L/人·次	15	
6	工地医院	L/病床·次	100~150	

5）消防用水量。

消防用水量用 q_5 表示，见表18-6。

表18-6　消防用水量参考表

序号	用水区域	用水情况	火灾同时发生次数/次	用水量/(L·s^{-1})
1	生活区	5000 人以内	1	10
		10000 人以内	2	10~15
		25000 人以内	2	15~20
2	施工现场	施工现场在 25 万 m^2 以内	1	10~15
		施工现场每增加 25 万 m^2	1	5

6）总用水量并不是所有用水量的总和。因为施工用水是间断的，生活用水分时段，而消防用水是偶然的，因此，工地总用水量按以下公式计算。

当 $(q_1+q_2+q_3+q_4) \leqslant q_5$ 时，则：

$$Q = q_5 + 0.5(q_1 + q_2 + q_3 + q_4) \tag{18-13}$$

当 $(q_1+q_2+q_3+q_4) > q_5$ 时，则：

$$Q = q_1 + q_2 + q_3 + q_4 \tag{18-14}$$

当工地面积小于 5×10^4 m^2 且 $(q_1+q_2+q_3+q_4) < q_5$ 时，则：

$$Q = q_5 \tag{18-15}$$

式中：Q 为总用水量，L/s；其余符号意义同前。

（2）工地临时供电

工地总用电量：工地用电可分为动力用电和照明用电两类，用电量可用式（18-16）计算：

$$P = (1.05 \sim 1.10)\left(K_1 \frac{\sum P_1}{\cos \Phi} + K_2 \sum P_2 + K_3 \sum P_3 + K_4 \sum P_4\right) \tag{18-16}$$

式中：P 为工地总用电量，kV·A；P_1、K_1 为电动机额定功率，kW，需要系数 $K_1 = 0.5 \sim 0.7$（电动机 10 台以下取 0.7，超过 30 台取 0.5）；P_2、K_2 为电焊机额定容量，kV·A，需要系数 $K_2 = 0.5 \sim 0.6$（电焊机 10 台以下取 0.6）；P_3、K_3 为室内照明容量，kW，需要系数 $K_3 = 0.8$；P_4、K_4 为室外照明容量，kW，需要系数 $K_4 = 1.0$；$\cos \Phi$ 为电动机的平均功率因数，根据用电量和负荷情况而定，高时为 0.75~0.78，一般为 0.65~0.75。

选择电源及确定变压器：根据所确定 Φ 的总用电量来选择电源，并确定变压器。如果选择当地电网供电，要考虑当地电源能否满足施工期间最高负荷，电源距离较远时是否经济；如果设临时电站，供电能力应满足需要，避免浪费或供电不足，电源位置应设在设备集中、负荷最大而输电距离又最短的地方。

一般首先考虑将附近的高压电通过工地的变压器引入。变压器的功率用式(18-17)计算：

$$P = K \left(\frac{\sum P_{\max}}{\cos \Phi} \right) \tag{18-17}$$

式中：P 为变压器的功率，kV·A；K 为功率损失系数，取 1.05；$\sum P_{\max}$ 为各施工区的最大计算负荷，kW；$\cos \Phi$ 为功率因数。

配电线路的布置要点：线路宜架设在道路的一侧，并尽可能选择平坦路线。线路距建筑物的水平距离应大于 1.5 m。临时布线一般都用架空线，因为架空线工程简单、经济、便于检修。电杆及线路的交叉跨越要符合有关输变电规范。配电箱要设在便于操作的地方，并设有防雨、防晒设施。各种施工用电机具必须单机单闸，绝不可一闸多用。

(3)工地临时供热

工地临时供热的主要对象是：临时房屋(办公室、宿舍、食堂等)的冬季采暖、给某些冬季施工项目供热、预制场(钢筋混凝土构件的蒸汽养生等)供热。

建筑物内部采暖耗热量，根据有关建筑设计手册计算。

临时供热的热源，一般都设立临时性的锅炉房或个别分散设备(煤火炉)，如果有条件，可利用当地的现有热力管网。临时供热的蒸汽用量用式(18-18)计算：

$$W = \frac{Q}{IH} \tag{18-18}$$

式中：W 为蒸汽用量，kg/h；Q 为所需总热量，按建筑采暖设计手册计算，J/h；I 为在一定压力下蒸汽的含热量，查有关热工手册，J/kg；H 为有效利用系数，一般为 0.4~0.5。

蒸汽压力根据供热距离确定，供热距离在 300 m 以内时，蒸汽压力为 30~50 kPa 即可；在 1000 m 以内时，则需要 200 kPa。确定了蒸汽压力后，按式(18-18)计算得到蒸汽用量，查阅锅炉手册，选定锅炉的型号。

模块五 公路工程施工组织设计案例

课程导入

指导性施工组织设计是施工单位用于工程投标所编制的施工组织设计，是投标文件不可缺少的部分。

实施性施工组织设计，是施工单位在施工准备阶段编制的施工技术文件，与指导性施工组织设计相比，实施性施工组织设计更加具体、完整、可行。

本模块主要介绍实施性施工组织设计相关内容。

单元 19　实施性公路施工组织设计案例

任务引入

实施性施工组织设计是指导公路工程施工的重要技术。本单元以汀兰湖大桥工程（虚构）为例，编制施工阶段的实施性施工组织设计，为便于教学，本单元仅保留主要工程量，并对施工组织设计文件做了一定的修改与简化。

19.1　工程概述

汀兰湖大桥采用双向四车道设计，桥面总宽度 25.5 m，设计车速为 80 km/h，中心里程 K0+753.61，桥全长 259 m。墩台基础采用 φ1.5 m 钻孔桩，最长桩长 39 m；桥台为 U 形桥台，桥墩为柱式桥墩，桥孔组成为 (46+82+82+46) m 先简支后结构连续的预应力混凝土组合箱梁。

1. 主要工程量

挖方 3205 m³、填方 569 m³；桩基 C35 混凝土 2733 m³、承台 C40 混凝土 1667 m³、承台 C20 混凝土 1497 m³、钢筋 482157 kg、钻孔桩 1536 m；承台及上部构造、C50 混凝土 3729 m³、C50 钢纤维混凝土 608 m³、C40 混凝土 1291 m³、C35 混凝土 735 m³、钢筋 740635 kg。

2. 地形地貌

线路以低山为主，部分为中低山、丘陵和镶嵌其中的丘陵盆地。地形地貌复杂，地形总的趋势是中部高、东西低，地势起伏较大。桥位区域地质情况从上至下依次为：素填土、淤泥、全风化花岗岩、强风化花岗岩（砂土状）、强风化花岗岩（碎块状），地质资料显示不均匀性，地质条件比较复杂。

3. 气象

工程区域全年均有灾害性天气发生，主要灾害性天气有高温、暴雨、台风等，对施工有影响的主要是台风。

4. 工期安排

合同工期 26 个月。

19.2　施工总体布置

根据工程需要，结合单位实际情况，择优选调具有类似施工经验的技术人员来负责汀兰湖大桥工程的施工组织管理工作。管理层次分为：项目经理、项目技术负责人、施工员、质检员、安全员、试验员、材料员及施工班组。

1. 项目施工管理目标

（1）质量目标

符合设计和国家现行有关标准、规范的合格标准要求，且桥梁桩基Ⅰ类桩数量应在90%以上，无Ⅲ类桩。

（2）安全目标

坚持"安全第一，预防为主"的方针，建立健全安全管理组织机构，完善安全生产保证体系，消灭一切事故，确保人民生命财产不受损害。创建安全生产标准工地。

（3）工期目标

合同工期：2020年4月1日—2022年5月31日，工期26个月。

（4）环境保护目标

环境保护监控项目符合国家及地方政府颁布的有关法律、法规和政策要求。教育培训率100%，贯彻执行率100%。

（5）文明施工目标

现场布局合理，环境整洁，争创文明工地。

（6）投资控制目标

工程投资控制在预算内。

（7）职业健康安全目标

对从事有害作业人员进行定期健康检查，员工职业病发生率控制在1.5‰以下。杜绝因劳动力保护措施不力而造成的重伤及其以上事故。

2. 施工班组安排

根据工程特点，将本工程划分为5个施工班组施工作业，施工人员根据工作量进行合理调配。具体施工任务见表19-1。

表19-1　施工任务

序号	施工队伍安排	人数/人	任务安排
1	钢结构施工班组	30	大桥钢便桥，施工平台，套箱加工及安装
2	钢筋班组	25	钢筋工程制作及安装
3	钻孔桩班组	25	桩基钢护筒制作安装、钻孔及砼浇筑
4	下部结构施工班组	30	桥台基础、台身及台帽；桥墩承台、墩柱、盖梁
5	上部构造施工班组	70	箱梁预制及安装，湿接缝及连续段现浇，体系转换，桥面系

3. 总体施工方案

深水基础施工流程：施工准备→搭设施工栈桥及桩基施工平台→测量复核桩位中心→导向定位控制埋设钢护筒→冲击钻就位→钻孔施工→终孔检验→清孔检测验收→吊装钢筋笼→下放导管→二次清孔检测验收→灌注桩基砼→桩基检测→承台施工→钢栈桥及施工平台拆除。

19.3 施工进度安排

本桥梁共有 22 个墩台。阶段性工期计划如下。

1) 施工准备：计划 2020 年 4 月 1 日开始，2020 年 4 月 22 日完成。

2) 钢便桥施工：计划 2020 年 4 月 3 日开始，2020 年 8 月 10 日完成。

3) 钻孔桩平台搭设及桩基施工：拟投入钻孔桩平台 8 座，投入 16 台钻机，计划 2020 年 5 月 20 日开始，2021 年 6 月 20 日完成所有桩基。

4) 承台施工：拟投入承台套箱围堰 3 套，钢板桩围堰 3 套，计划 2020 年 6 月 20 日开始，2021 年 7 月 20 日完成。

5) 墩柱、盖梁及桥台施工：拟投入墩柱模板 6 套，盖梁模板 2 套，计划 2020 年 7 月 30 日开始，2021 年 8 月 25 日完成。

6) 箱梁预制：拟投入预制台座 14 个，箱梁模板 3 套半，计划 2020 年 9 月 15 日开始，2021 年 11 月 15 日完成。

7) 箱梁架设：拟投入架桥机一台，计划 2020 年 12 月 20 日开始，2022 年 1 月 15 日完成。

8) 湿接缝及现浇段施工：计划 2021 年 1 月 5 日开始，2022 年 2 月 20 日完成。

9) 桥面系施工：计划 2021 年 12 月 15 日开始，2022 年 4 月 30 日完成。

10) 收尾工作：计划 2022 年 5 月 1 日开始，2022 年 5 月 31 日完成。

汀兰湖大桥进度计划图如图 19-1 所示。

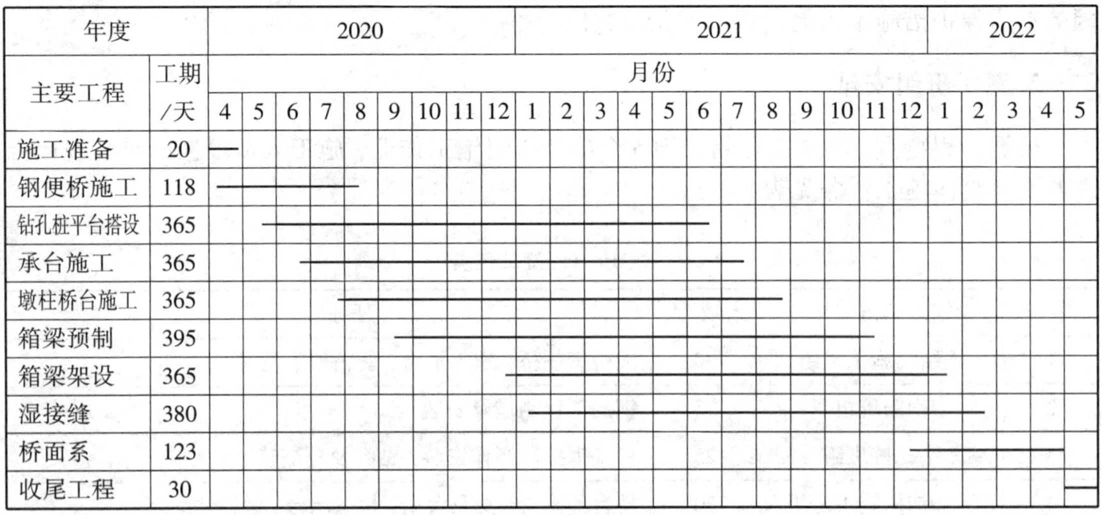

图 19-1 汀兰湖大桥进度计划图

19.4　资源配置

1. 劳动力计划

劳动力计划，见表 19-2、表 19-3。

表 19-2　主要管理人员表

序号	职务	主要职责	备注
1	分部经理	全面负责施工安排与协调	
2	分部副经理	全面负责施工现场工作安排与协调	
3	分部总工	全面负责施工技术工作、批准施工工艺组织操作、解决施工中的技术问题，收集整理、编审工艺总结	
4	安全负责人	全面负责施工现场安全管理	
5	质量负责人	全面负责施工质量控制及检测工作	
6	终检负责人	全面负责施工质量检测工作	
7	试验负责人	全面负责原材料试验检测、试验资料收集整理	
8	质检员	负责施工过程中的质量检测工作	
9	施工员	负责施工现场技术指导和收集施工资料	
10	安全员	负责施工现场安全管理	
11	测量工程师	负责施工测量放样、线形及高程控制	
12	现场队长	负责施工现场组织	

表 19-3　劳动力计划表

序号	工种	人数/人	备注
1	项目经理	1	全面负责协调工作
2	技术负责人	1	全面负责现场技术工作
3	技术员	2	负责现场技术工作
4	测量工程师	3	现场测量
5	专职安全员	2	现场安全管理
6	电焊工	12	焊接、切割
7	机电工	2	电力、机械保证
8	机械操作人员	4	负责操作吊车及碎石摊铺机、压路机
9	安装人员	6	负责栈桥、平台搭设及拆除
10	杂工	6	

续表19-3

序号	工种	人数/人	备注
11	钢筋工	10	桩基钢筋笼制作
12	混凝土工	12	桩基混凝土浇筑

2.物资与设备计划

物资与设备计划，见表19-4。

表19-4　物资与设备计划表

序号	设备名称	规格型号	数量/台	备注
1	履带式吊车	80 t	1	
2	振动锤	DZJ-90	1	
3	电焊机	BX1-400	10	
4	发电机组	500 kW	1	备用
5	全站仪	徕卡	1	
6	救生船		1	应急救援
7	平板运输车	EQ3092/10 t	2	材料进场及倒运
8	氧气乙炔气割机			
9	碎石摊铺机		1	
10	压路机		1	
11	冲击钻	CJ20	2	
12	钢筋加工成套设备		2	
13	龙门吊机	10 t	4	
14	混凝土搅拌运输车	6~12 m³	4	
15	混凝土泵车	SYM5340THB	2	
16	混凝土输送泵	HBT60	2	
17	挖机	台	2	长臂1台、短臂1台
18	潜水渣浆泵	台	150 kW	4

19.5　施工平面安排

1.施工便道

本合同段路线与国道相邻，可作为材料运输及人员进场通道。施工前应修建与国道相连接的横向施工便道，便道宽4.5~7 m，采用泥结碎石硬化，并在可视距离内设置错车台且相距在 200 m 以内，便道应派专人进行养护，保证晴雨畅通。新修主便道见表 19-5。

表 19-5

序号	项目名称	位置	长度/m	宽度/m
1	施工便道 1	东引道	865	7
2	施工便道 2	西引道	635	7
3	火工品运输专用	从炸药库到施工便道 1	200	4.5

2. 驻地建设

项目部及各施工工区生活和办公用房见表 19-6。

表 19-6

序号	名称	位置	面积/m²	备注
1	项目部	东引道右侧	9600	租用
2	路基工区	西引道右侧 160 m	500	自建
3	桥梁工区	东引道左侧 200 m	1200	自建

3. 弃土场分布

根据工程分布，尽量少占耕地和经济林，考虑经济运距、便于防护绿化和排水，弃土、渣场设置情况见表 19-7。

表 19-7

序号	弃土、渣场位置	占地面积/亩	弃土、渣方量/m³
1	K2+230 右侧 200 m	42.78	323650
2	K3+540 左侧 300 m	21.03	52000
3	K3+660 左侧 350 m	14	186500

19.6　主要工程项目施工方案

1. 钢栈桥及工作平台工程

(1) 主线钢栈桥设计

汀兰湖大桥下部采用 2 根 φ600 mm 壁厚 10 mm 钢管桩，横向间距 3.5 m。钢管桩之间平联和斜撑均采用槽钢，普通钢管桩顶焊接纵横向双拼工字钢盖梁，制动墩顶焊接纵向双拼工字钢分配梁，分配梁上焊接横向双拼工字钢分配梁。钢便桥全桥受力纵梁采用贝雷梁，横向 10 片。贝雷纵梁上的横向分配梁为工字钢，间距 75 cm，贝雷梁上铺设定型桥面板。

（2）钻孔平台设计

汀兰湖大桥钻孔平台采用土袋围堰，平面布置为：6#墩和8#墩，15.6 m（顺桥向）×21.6 m（横桥向）；7#墩，16.6 m（顺桥向）×20 m（横桥向）。土袋围堰顶宽3 m，外坡1:1，内坡1:0.5，内坡脚与承台设计位置相距至少1 m。

（3）碎石通道施工

本标段内有集中土石方施工，可以作为通道填料，通道断面设计为梯形，边坡1:1.5，实际施工时如横坡度陡于1:1.25，建议先挖台阶再铺填。

（4）桥头挡土板施工

汀兰湖大桥利用原有道路与碎石便道相连，钢栈桥与原有河堤和碎石路面交界处做挡土板。栈桥施工前先对河堤路面进行拓宽，并进行道路改移，确保车辆进出通畅。

（5）钢管桩加工及运输

钢管桩应由专业厂家整节制作，并用平板车运至施工现场。钢管桩堆放时应避免产生纵向变形和局部压曲变形，堆放层数不得超过两层。钢管桩在起吊、运输和堆放过程中应避免管端变形和损伤。

（6）钢管桩定位

根据设计提供的坐标基点，放出栈桥中心线，确定桩位后用钢筋标记定位，水上钢管桩插打前利用贝雷梁作为导向框定位，导向框可利用槽钢制作成正方形，栓接在贝雷架的端部。

（7）振动下沉钢管桩

根据工程地质情况，插打钢管桩时桩尖高程控制以设计高程控制为主，当桩端达不到设计高程但相差不大时，以贯入度作为停锤控制标准。

（8）安装分配梁

分配梁在钢结构车间加工好后，运至现场整体安装。将钢管桩顶加工成嵌入式桩顶结构，桩顶局部开槽后嵌入分配梁。

（9）安装横向分配梁

采用80 t履带式吊车进行型钢分配梁及横梁的安装，并用U形卡固定好，按照纵向1 m的间距布设。横梁间距75 cm，支点必须放在贝雷梁竖弦杆或菱形弦杆的支点位置，以满足受力要求。

（10）铺设桥面系、安装防护栏杆

桥面系施工主要包括铺设桥面板、安装护栏立杆、护栏扶手、护栏钢管等工序。桥面板采用整块定型桥面板进行组合，安装时先在工字钢上分出便桥中轴线，然后按照轴线展开，采用履带式吊车整体吊装桥面板，用螺栓将其与分配梁连接，并在两端进行焊接加固。

（11）土袋围堰施工

1）堰顶宽3 m，堰外边坡坡度根据水深及流速确定，外坡采用1:1；内坡采用1:0.5，围堰高度应高出施工期间水位0.5~0.7 m。

2）土袋装土量宜为容量的2/3，袋口应缝合，不得漏土。

3）土袋堆码时应平整密实，相互错缝。

4）土袋围堰可用黏土填心防渗。在流速较大处，堰外边坡袋内可填装粗砂或砾石，以防冲刷。

（12）钢栈桥的拆除

主栈桥使用 24 个月后，应拆除钢便桥。拆除时应保证下部净空充足，以便进行拆除作业。栈桥拆除方向由栈桥外端头向河堤逐跨拆除，拆除顺序由上至下进行，起重设备用 80 t 履带式吊车，基础钢管桩拆除采用 DZ45 拔桩机。

2. 桩基础施工

（1）钢护筒制作

主墩桩基础钢护筒采用钢板卷制拼焊而成，钢护筒对接时需要对接头进行处理。为了防止钢护筒在运输过程中发生变形，在钢护筒内部应增设"×"形支撑。

（2）钢护筒安装

钢护筒安装采用履带式吊车配合振动锤进行。钢护筒加工后，由平板车运输至平台位置，采用履带式吊车进行吊装。振打过程中应分次复核，如超出允许偏差，则应拔出钢护筒，重新振打。

（3）钻孔施工

根据现场实际情况，水中桩基拟采用冲击钻成孔。钻孔时采用"跳孔"的方法进行施工。钻孔时，相邻两孔不可同时进行钻孔作业或灌注混凝土。处理好与邻近桩位插打钢护筒等作业面的交叉及先后关系，确保钻孔桩施工的顺利进行。

（4）冲击钻成孔

将冲击钻冲击中心对准钢护筒中心。先向钢护筒内灌注调制好的泥浆，用冲击锥十字形钻头以小冲程反复冲击造浆。开钻前，通过工艺试验熟悉该桩位的地质、水文资料，针对不同地质层合理选用不同的钻头、钻进压力、钻进速度。

（5）第一次清孔

当钻孔达到设计深度时，开始首次清孔。清孔过程中要确保有足够的清孔时间，经过多次循环将孔内的沉淀、悬浮的钻渣清除。清孔后的各项性能指标和桩底沉淀厚度满足技术规范和设计图纸的要求且自检合格之后，报监理工程师验收，然后方可进入下一道工序。

（6）成孔检测

为了确保钻孔桩成孔质量，在第一次清孔后应对孔的中心位置、孔径、倾斜度、孔深、桩底沉渣厚度等进行检测，自检合格后报监理工程师验收，然后才能进入下一道工序。

（7）钢筋笼制作与安装

钢筋笼由钢筋加工厂集中加工，设专用台架制作钢筋笼，利用门式起重机吊装配合，采用平板运输车运输至施工现场。当下放至最后一节钢筋笼时，应调整钢筋笼的中心位置。

（8）导管安装

1）向导管内注水时，注水至管道另一端出水时停止，并应保证导管内冲水达 70% 以上，方可停止。

2）将一端注水孔密封，检查导管连接处封闭端安装情况。检查合格后用压风机充压，水密试验的压力不应小于孔内水深压力的 1.3 倍，也不应小于导管壁和可能承受灌注混凝土时最大压力的 1.3 倍，保持压力 15 min。

3）导管必须严格按编号连接。导管安放中心与桩基中心应在同一条线上，并利用卡板固定。导管接头处必须放入密封圈。安装密封圈的同时在丝扣上涂抹黄油，以保证密封。导管下放的总长度以距离孔底 0.4 m 为标准，导管上部使用短导管调节长度。

（9）混凝土浇筑

首批封底混凝土的灌注应将桩底沉渣尽可能地冲开，这是控制桩底沉渣，减少工后沉降的重要环节。灌注后泥浆从导管中排出，并保证导管下口埋入混凝土的深度不小于 1 m，且不得提升导管。灌注开始后，应紧凑连续地进行，严禁中途停工。

当灌注的混凝土顶面距钢筋骨架底部 1 m 左右时，应降低混凝土的灌注速度。混凝土上升到钢筋骨架 4 m 以上时可恢复正常灌注速度。导管提升时应保持轴线竖直和位置居中。拆除导管动作要快，时间一般不宜超过 15 min，且每次拆除导管长度应控制在 2~4 m。

（10）桩基检测

水下灌注混凝土桩基桩身的完整性可采用超声波透射法检测或低应变反射波法检测。采用超声波透射法检测须在下放钢筋笼时安装声测管，声测管不得破漏，下端及接头应严格封闭。管顶安装软木塞应在钢筋笼下放完成后，以免异物堵塞通路。在下放钢筋笼之前将声测管绑扎在钢筋笼的内侧主筋上。各声测管在全长范围内都必须保持互相平行，各管垂直度偏差不大于 1%。

3. 承台施工

（1）破桩头

破桩头前，应在桩体侧面用红油漆标注设计高程线，防止桩头多凿。桩基深入承台内的长度为 10 cm（不含封底混凝土厚度），凿除桩头时要用空压机结合人工凿出，不能扰动设计桩顶以下的混凝土，不能损坏检测管。破桩头后桩基主筋顶部做成 15°的外扩喇叭形，同时复测桩顶高程，做桩基检测。

（2）绑扎钢筋

承台钢筋集中加工、现场绑扎。焊接采用双面焊，焊接长度不小于钢筋直径的 5 倍。钢筋外侧应绑扎相应厚度的垫块，以保证保护层的厚度。钢筋绑扎完毕后，现场技术员按设计图纸严格检查钢筋规格及间距等，检验无误后立模板。

（3）立模板

模板采用大型定型组合模板，吊机配合安装；模板与模板之间用双螺帽螺栓上紧，模板外侧采用足够强度的型钢支撑于围堰上，以保证浇筑过程中不发生变形。模板安装完成后经监理工程师检验无误后方可浇筑混凝土。

（4）浇筑混凝土

混凝土集中拌和，自动计量，罐车运输。单个承台混凝土宜分层一次性连续浇筑，分层厚度 30~45 cm。振捣时振动器应伸入下层混凝土 5~10 cm，移动间距不超过 40 cm，与模板保持 5~10 cm 的距离，振动到混凝土密实、无塌陷、表面平坦泛浆为止。承台为大体积结构时，须减少由水化热产生的裂缝，宜采用低水化热的矿渣硅酸盐水泥，以控制混凝土入模温度。

（5）混凝土养生

混凝土初凝后应洒水养护保证混凝土表面处于湿润状态，并在混凝土表面盖上麻布等保湿材料，养生时间21天。

4. 墩台身施工

施工前在基础顶面放出墩台中线和内外轮廓线的准确位置。

混凝土的浇筑速度应符合要求，并连续进行，以保证整体性。在混凝土浇筑的过程中，随时观察所设置的预埋件、预留孔等的位置，若发现移位应及时校正；

浇筑完成后。注意养护，强度达到规范要求后方可拆模。

5. 盖梁施工

（1）承重架施工

墩柱施工完毕后在该桥墩的3个圆孔内穿3根直径为φ180 mm钢棒做承重架牛脚，盖梁的端头下部采用定做的型钢支撑架。施工时需考虑施工挠度的影响，施工前底模标高应设置施工预拱度。

（2）模板的制作加工

为确保盖梁脱模后砼表面是光洁的，模板全部采用大块钢模板，除模板加工的整体刚度，必须满足相关技术规范要求外，还应减少模板接头数量，模板的纵、横、背、肋均采用型钢组焊。

6. 预应力混凝土箱梁预制（后张法）

（1）预制场位置

预制场拟设在K0+240—480段挖方路基上，预制台座14个，预制场每月生产梁约20片。

（2）钢筋骨架的制作与安装

钢筋的调直、切断、除锈、弯曲等制作工序均应集中在钢筋加工场进行，制作成型的钢筋分门别类堆放保管。钢筋加工场紧靠预制场，钢筋安装在台座上进行。所有钢筋在加工前，作清污、除锈和调直处理。

（3）预应力管线布置

预应力管线在曲线部分间距50 cm、直线段部分间距80 cm处设置U形定位钢筋。确保管线在浇筑混凝土时不上浮、不变位。管线位置的容许偏差平面不得大于±1 cm，竖向不得大于0.5 cm。

（4）模板的制作与安拆

钢模在使用前应清除板内残渣，并涂上脱膜剂。为防止砼浇注时排气不好，出现蜂窝麻面，应在模板底面预留小孔径排气孔。模板安装从一侧开始，并用对拉螺杆栓紧固定，初步安装后，再统一校正外侧几何尺寸，并检查侧模与底板间隙。

（5）混凝土浇筑

混凝土浇筑方向分为三个仓面（底板、腹板、顶板）从梁的一端循序进展至另一端。为避免梁端混凝土产生蜂窝麻面等不密实现象，接近另一端时应改为从另一端向相反方向投料，在距该端 4~5 m 处合龙。分层下料、振捣，每层厚度不宜超过 30 cm，上下层浇筑时间相隔不宜超过 1 h(气温在 30 ℃以上时)或 1.5 h(气温在 30 ℃以下时)。上层混凝土必须在下层混凝土振捣密实后方能浇筑，以保证混凝土有良好的密实度。

(6)预应力张拉、压浆、封锚

1)张拉前工作。

预留孔道工艺采用预埋波纹管。穿束前全面检查锚垫板和孔道。钢丝束按长度和孔位编号，穿束时核对长度，对号穿入孔道。穿束工作一般由人工直接穿束。

2)张拉程序。

张拉方式采用两端同时张拉和顶锚，过程中须同时控制伸长量与张拉力，伸长量误差应在±6%范围内，任意截面的断丝率不得大于该截面总钢丝数的 1%，且不允许出现整根钢绞线拉断的现象。

3)孔道压浆及封锚。

管道压浆采用真空辅助压浆技术，在施工过程中从以下 4 个方面来控制：水灰比、压浆量、出气孔和检查孔、控制开管检查。

(7)移梁、存梁

梁板封头砼强度达到 5 MPa 后，将梁板移至存梁区存放，按设计支承位置支垫并注明浇筑时间，以备安装。

7. 桥梁接缝施工

梁体安装完毕后，先凿毛梁端及横隔板端面的混凝土，将梁端水泥浆冲洗干净后，再现浇接缝，浇筑前注意梁体间补长钢筋的绑扎和衔接。

混凝土浇筑后，应带模浇水养护。脱模后在常温下养护时间不少于 7 昼夜。冬季气温低于 5 ℃时不得浇水，并增加养护时间。

8. 桥面系施工

测量放样：根据设计图纸放出中心线及边线，设置胀缝、缩缝、曲线起讫点和纵坡转折点等桩位。

安设模板：模板采用钢模，接头处有牢固拼装配件，装拆简易。模板高度与混凝土面层板厚度相同。模板的顶面与混凝土板顶面齐平，并与设计高程一致，模板底面与基层顶面紧贴，局部低洼处(空隙)要事先用水泥浆铺平并充分夯实。

摊铺：摊铺混凝土前，对模板的间隔、高度、润滑、支撑稳定情况和润湿情况等进行全面检查。

振捣：摊铺好的混凝土混合料，迅速用平板振捣器和插入式振捣器均匀地振捣。

9. 架梁方案

箱梁吊装作业需用到两台龙门吊，因单片箱梁自重≤150 t，而龙门吊的起重能力为100 t，故满足起吊重量要求。龙门吊组应设在制梁场。

(1)支座安装工艺

支座进场后，应根据相关标准对其外观尺寸、组装质量进行检查，并检查产品合格证或检验报告。支座应存放在工地专用库房内，并妥善保管。领用时必须经技术主管签字确认，并标明使用部位。搬运和安装过程要求轻拿轻放，严防磕碰损伤。

（2）箱梁装车及运送

首先用门式起重机将箱梁吊起并放置在专用运梁平板车上，然后再通过架桥机进行吊装。

（3）架桥机小车带梁运行横移

架桥机安装相邻箱梁或边梁时，必须先安装边梁，以保证梁片的位置准确和大桥的整体外形。吊边梁时用边梁挂架起吊边梁，小车带梁移到边梁位置，下落距支座 15 cm 时暂停，检查位置的准确性，确认后下落并做好稳定支撑。

（4）桥面纵向调坡

根据设计要求，对支座高程进行检测，确认合格后方可架梁。

10. 箱梁体系转换

在梁体吊装前，梁体湿接缝侧端头应做好凿毛处理。将原来的混凝土表面全部凿除，看见石子后停凿，并将湿接缝侧端的外露钢筋调直。

梁体吊装后安装湿接缝段底模和外侧模板。桥下地质情况比较好的地段，优先采用支架法。当支架法不能满足要求或在河流上时，采用移动模架法。

11. 混凝土浇筑

混凝土原材料、配合比、设计和施工必须符合施工标准。

混凝土浇筑以插入式振捣为主，附着式振捣为辅。在浇筑和振捣时，不能移动模板或钢筋，防止发生变形和错位。

19.7　体系转换

1）临时支座垫石采用硫黄砂浆，临时支座垫石埋有电热丝。

2）安放临时支座垫石的高程误差应小于 1 mm。箱梁在支承垫石上直接落梁，然后锚固支座螺栓。

3）支座上下座板必须水平安装，固定支座上下座板应相互对正，活动支座上下座板横向应对正。纵向预留错动量应根据支座安装施工温度与设计温度之差以及桥梁混凝土未完成收缩量和徐变量计算确定。

4）支座与梁底及垫石应密贴无间隙，垫层材料强度应符合设计要求。桥墩上的永久支座垫石、支座、支座钢板联结成整体后，利用桥墩上的预埋杆件进行预压，以尽量减少体系转换时的下沉量。

5）在体系转换时测量观察，下沉量过大时分析原因并及时调整。

19.8 质量保证体系

1. 质量保证体系

依据 GB/T 19002—1994idt ISO 9002：1994 质量体系的要求，编制项目质量保证体系。本质量保证体系是项目所有质量活动必须遵循的纲领性文件和行为准则，凡参与本项目的项目经理部各级人员必须严格遵守。

2. 质量控制目标

1）各类检测试验资料真实、齐全，原材料质量、配合比、砂浆和混凝土强度、压实度、弯沉等合格率达到 100%。

2）各分项工程一次合格率达到 100%，优良率为 95% 以上。

3）全部施工项目符合设计要求。各项工程内在质量合格，外表美观。

3. 质量管理措施

(1) 建立从上到下的质量管理体系

始终坚持质量管理，采取立方图法、排列图法和因果分析法，使质量管理从静态管理进化为动态管理。

(2) 施工人员教育

工程质量的好坏，取决于工程全体员工的工作责任心，故因加强施工人员的教育。

(3) 做好技术交底工作

在每道工序施工前，将有关施工技术规范、设计要求、质量控制部位及应达到的标准等编制成手册发放给各施工班组进行书面交底。

(4) 实行定期和不定期的质量检查制度

经检查不符合标准的工程应推倒重来，不留质量隐患。

(5) 实行质量与经济利益挂钩的奖罚制度

在施工过程中，根据工程的重要性、复杂性等因素制订奖罚制度，利用经济手段保证优良工程的实现。

4. 确保工程质量的措施

1）严格执行"自检、互检、交接检"的"三检制"，发现问题及时处理纠正。

2）检测试验工作是控制质量的关键，必须把好工程质量源头关。制定技术复核制度，明确复核方法。制定隐蔽工程验收制度，凡属隐蔽工程的，在工程隐蔽之前必须经过验收签认。

3）严格控制各种原材料的质量，把好进料质量关。对经检测试验达不到标准的材料，坚决清退。各种原材料、半成品均应有出厂合格证、产品质量证明书和试验报告。材料进场后分类码放，并挂牌标识检验和试验状态，以防止误用和实现追溯性。

19.9　安全保证体系

1. 安全目标

坚持"安全第一，预防为主"的方针，建立健全安全管理组织机构，完善安全生产保证体系，杜绝死亡事故，防止一般事故的发生。

2. 安全保证体系

针对本区域内的工程情况，从多层次、多方位建立健全安全生产保证体系，贯彻国家有关安全生产的法律法规，不定期召开安全生产会议，及时解决发现的问题。

3. 安全组织机构

成立以项目经理为组长，技术负责人为副组长，有关业务部门和施工班组组长为成员的安全领导小组。坚持"管生产必须管安全"的原则，建立健全岗位责任制度，从组织上、制度上保证安全生产，做到程序化、规范化施工，全面实现安全目标。

4. 安全保证措施

1) 项目经理部建立定期安全检查制度，项目经理部每半月检查一次，作业班组每天检查一次，非定期检查视工程情况而定。

2) 对检查中发现的安全问题、安全隐患，要建立登记、整改、消项制度。要定人、定措施、定经费、定完成日期，在隐患没有消除前，必须采取可靠的防护措施。如果有危及人身安全的险情应立刻停止施工，处理合格后方可施工。

3) 安全检查与完善和修订安全管理制度要结合起来。把安全生产责任制与各级管理者的经济利益挂钩，严明奖惩，保证"管生产必须管安全"的制度得到落实。

4) 安全检查制度。坚持安全教育，坚持日常和定期安全检查，发现不安全作业要及时制止、追查原因、及时整改，杜绝事故隐患，做到"安全第一"。

19.10　其他事项

1. 环境保护措施

严格按国家和地方政府有关规定及设计要求做好环保工作，在施工过程中严格按照国家有关部委批复的环保方案施工，确保工程所处的环境不受污染。

环境污染控制有效，土地资源节约利用，工程绿化完善美观，节能、节材和节水水措施落实到位，在施工过程中各项条件都符合环保的相关要求，排放标准达到国家及地方政府有关标准的要求。

2. 文明施工

项目部建立文明工地检查评比制度，并进行定期和不定期检查。各种建筑材料、砂石料、周转料、机具等，要分类、分品种、分规格整齐码放。注意作好场区、生活区的排水系统，保持排水畅通。

3. 夏季工作安排

使用缓凝剂或减水缓凝剂可减少混凝土用水量，并使其具有适当的稠度，在夏季其可消除混凝土因受高温影响而导致的性能下降。使用外加剂须得到监理工程师同意，并有足够理论支持。

高温下连续养护，以洒水法为宜；必要时采用遮阳棚，防止阳光直晒。遮阳棚也可在雨季施工时使用。

4. 节约用地措施

施工总平面布置遵循"方便施工、便于管理、少占耕地"的原则，尽量节约用地面积。临时工程贯彻临时与永久相结合的原则，施工时，不随意侵占征地红线外土地。

除以上基本内容外，实施性施工组织设计还有其他内容，本单元不再赘述。

单元 20　基于 BIM 的公路施工组织设计简介

任务引入

2017 年，交通运输部办公厅印发《推进智慧交通发展行动计划（2017—2020 年）》，明确提出了主要目标包括："推进 BIM 技术在重大交通基础设施项目规划、设计、建设、施工、运营、维护、管理全生命周期的应用，实现基础设施建设和管理水平大幅度提升。"

20.1　基于 BIM 技术的施工组织设计流程

施工组织设计必须结合施工实际情况，完成方案选择、时间组织、空间组织等核心工作。使用 BIM 技术，可以让项目参与者提前在数字化环境中模拟资源组织、空间组织、时间组织，在施工组织设计编制过程中进行虚拟建造，及时发现施工组织中存在的问题，并进行优化和验证。

1）制定工程项目的初步实施计划，确定施工顺序和时间安排。

2）基于施工图设计模型或深化设计模型创建施工组织模型。

3）将工序安排、资源配置、平面布置等信息关联到模型中。

4）按施工组织流程进行模拟，具体情况如下所述。

工序安排模拟：根据施工内容、工艺选择和配套资源等，明确工序间的搭接关系，优化项目工序安排。资源配置模拟：根据施工进度计划、合同信息以及各施工工艺的资源需求，优化资源配置。平面布置模拟：结合施工进度安排，优化各施工阶段垂直运输机械布置、临时设施布置、临时道路布置等。

5）根据模拟成果对工序安排、资源配置、平面布置等进行优化，并将相关信息更新到模型中。

6）交付成果，包括施工组织模型、施工模拟动画、虚拟漫游文件、施工组织优化报告等。

20.2　基于 BIM 技术的施工组织设计优化

1. 碰撞检查

碰撞检查指在施工开始前对整套施工图的检查，对各部门之间发生冲突的审核。碰撞分为硬碰撞、软碰撞两类。硬碰撞是指两个实体之间位置存在交集。软碰撞是指两个实体之间的距离小于某个规定的范围，导致不安全。如在施工前未及时发现并解决碰撞问题，可能导致资源浪费和工期延误。

2. 施工过程模拟

在 BIM3D 模型基础上，增加"时间"维，建立基于 BIM 的 4D 模型，模拟机械行进路线和操作空间、土建工程施工顺序、安装工程施工顺序、材料的运输堆放安排等随项目进展而发生的相应变化。微观上可对施工方案进行可行性论证与优化，宏观上可分析不同施工方案的优劣，从而选择最佳施工方案。

3. 临时设施规划与施工场地布设模拟

临时设施规划与施工场地布设模拟是综合运用 BIM4D、碰撞检查和可视化技术进行施工过程中场地空间的时空冲突分析，包括施工场地布设方案问题、人员活动空间冲突等。

4. BIM5D 模拟

在 BIM4D 模型基础上增加"成本"维，建立基于 BIM 的 5D 模型，可计算任意节点的 WBS、施工段相关实体构件工程量、以及相应人力、材料、机械等资源消耗量。

用其进行资源平衡分析。将核心和稀缺资源尽可能地分配给关键线路上的关键工作，充分利用时差来调整资源的使用。

20.3　基于 BIM 技术的方案选择

1. 应用 BIM 技术选择施工方案的优势

对施工难度大或采用新技术、新工艺、新设备、新材料的分部分项工程，通过碰撞检查和施工模拟等 BIM 技术，可实现施工方案的科学选择。

一方面，施工前进行 BIM 建模，可以检查出隐藏的设计问题，避免施工时才发现问题，严重影响工程进度和工程质量；另一方面，对项目重点和难点部分进行建造性模拟，可用来验证施工方案的可行性。

2. 碰撞检查

在施工组织设计之初，需要复核施工图，发现可能存在冲突的问题。在传统施工组织设计中，采用二维图纸审核很难系统地检查出存在冲突的问题。通过 BIM 模型可对公路工程施工所涉及的施工构件与管线、建筑与管线、结构与管线等进行碰撞检查。在施工前尽早发现问题，及时调整，优化总体施工部署。

20.4　基于 BIM 技术的时间组织

基于 BIM 技术的时间组织，通过对进度原始数据进行收集、整理、统计和分析，将空间信息与时间信息整合在一个可视的 4D（3D+Time）模型中。基于项目特点创建工作分解结构，基于深化设计模型创建进度管理模型，基于定额完成资源配置。

1. 创建工作分解结构

工作分解结构应根据项目的整体工程、单位工程、分部工程、分项工程、施工段工序依次分解，并应满足下列要求：

1）工作分解结构中的施工段应与模型信息相关联。

2）工作分解结构的详细程度，应能支持进度计划的制订。

3）在工作分解结构基础上创建的施工模型应与施工区域划分施工流程对应。

2. 进度计划编制

施工任务及节点应根据验收的先后顺序划分，并确定工作分解结构中任务的开工、竣工日期及关联关系，除此之外还需确定下列信息：

1）里程碑节点及其开工、竣工时间。

2）结合任务间的关联关系、任务资源、任务持续时间等要求，编制进度计划，明确各个节点的开工、竣工时间及关键线路。

20.5　基于 BIM 技术的空间组织

1. 数据准备

工程地质勘察报告、水文地质资料、现有规划文件、建设用地信息及各类电子地图GIS 数据。

2. 施工现场地形创建

施工现场地形是施工场地建模的基础。在地形建模中，可以利用放置点命令和导入测量格式文件来实现施工现场地形模型的创建。借助软件模拟分析场地数据，如坡度、方向、高程、纵断面、填挖方、等高线等。

3. 临时设施建模

其建模方法与建筑物类似，在建模过程中需要注意相对位置关系，可参考临时设施、设备、管线的二维设计图纸，实现原点对齐，避免在后续建模过程中出现位置关系偏差。

4. 碰撞检查

空间冲突是造成生产效率损失的主要原因之一。每道工序施工时都需要有足够的空间，如机械臂旋转半径及人员活动半径等。利用 BIM 碰撞检查，能找出空间组织方案存在的问题，以便优化设计，避免可能造成的损失。

参考文献

［1］中华人民共和国交通运输部.公路工程建设项目概算预算编制办法（JTG 3830—2018）［S］.北京：人民交通出版社，2019.

［2］中华人民共和国交通运输部.公路工程预算定额（JTG 3832—2018）［S］.北京：人民交通出版社，2019.

［3］中华人民共和国交通运输部.公路工程机械台班费用定额（JTG/T 3833—2018）［S］.北京：人民交通出版社，2019.

［4］中华人民共和国交通运输部.公路工程施工定额测定与编制规程（JTG/T 3811—2020）［S］.北京：人民交通出版社，2020.

［5］中华人民共和国住房和城乡建设部.工程网络计划技术规程（JGJ/T 121—2015）［S］.北京：中国建筑工业出版社，2015.

［6］曹胜语，马敬坤，宁金成.公路施工组织设计［M］.北京：人民交通出版社，2019.

［7］王首绪，李晶晶，杨玉胜，等.公路施工组织及概预算［M］.北京：人民交通出版社，2020.

［8］李刚，宁尚勇，林智.公路桥梁工程施工与项目管理［M］.武汉：华中科技大学出版社，2022.

［9］武彦芳.公路工程施工组织设计［M］.重庆：重庆大学出版社，2023.

［10］北京土木建筑学会.市政基础设施工程施工组织设计与施工方案［M］.北京：冶金工业出版社，2015.

［11］李思康，李宁，冯亚娟.BIM 施工组织设计［M］.北京：化学工业出版社，2018.

［12］天津高等公路集团有限公司，天津市交通运输工程质量安全监督总站.天津市高速公路施工工法（上、下册）［M］.北京：人民交通出版社，2017.

［13］高峰.公路施工组织实务［M］.北京：北京理工大学出版社，2018.

［14］张起森.公路施工组织及概预算［M］.北京：人民交通出版社，1995.

图书在版编目(CIP)数据

公路工程施工组织设计/艾冰,黄蓓蕾主编.—长沙:
中南大学出版社,2024.1
ISBN 978-7-5487-5704-7

Ⅰ.①公… Ⅱ.①艾… ②黄… Ⅲ.①道路工程－施工
组织－设计－高等职业教育－教材 Ⅳ.①U415.2

中国国家版本馆 CIP 数据核字(2024)第 018414 号

公路工程施工组织设计
GONGLU GONGCHENG SHIGONG ZUZHI SHEJI

艾　冰　黄蓓蕾　主编

□出 版 人	林绵优
□责任编辑	周兴武
□责任印制	唐　曦
□出版发行	中南大学出版社
	社址:长沙市麓山南路　　　　邮编:410083
	发行科电话:0731-88876770　　传真:0731-88710482
□印　　装	湖南省众鑫印务有限公司

□开　　本	787 mm×1092 mm 1/16　□印张 8.5　□字数 209 千字
□版　　次	2024 年 1 月第 1 版　　□印次 2024 年 1 月第 1 次印刷
□书　　号	ISBN 978-7-5487-5704-7
□定　　价	32.00 元

图书出现印装问题,请与经销商调换